化学工业出版社
·北京·

为让读者亲身体验血火交织的残酷战地，本书将带您重返二战德国，将他们在战争中所使用的重武器悉数盘出，其中包括坦克装甲车、火炮、战机、战舰以及导弹等。对于这些重武器，本书从诞生历史、作战性能和实战表现等方面入手，为读者带来最详尽的文字阐述，同时每种武器都配有真实、直观的图片。

本书可帮助读者认识二战时期的德国重武器，进而重新认识二战这段沉重的历史。本书不仅是广大青少年朋友学习军事知识的不二选择，也是军事爱好者收藏的绝佳对象。

图书在版编目（CIP）数据

战地集结：二战德军重武器/军情视点编. —2版. —北京：化学工业出版社，2017.10（2023.1重印）

（二战兵器图鉴系列）

ISBN 978-7-122-30445-2

Ⅰ.①战… Ⅱ.①军… Ⅲ.①第二次世界大战-重型-武器-介绍-德国 Ⅳ.①E92

中国版本图书馆CIP数据核字（2017）第195825号

责任编辑：徐　娟　　装帧设计：韩　飞

责任校对：王　静

出版发行：化学工业出版社（北京市东城区青年湖南街13号　邮政编码100011）

印　　装：大厂聚鑫印刷有限责任公司

710mm×1000mm　1/16　印张$13\frac{1}{2}$　字数244千字　2023年1月北京第2版第5次印刷

购书咨询：010-64518888　　售后服务：010-64518899

网　　址：http://www.cip.com.cn

凡购买本书，如有缺损质量问题，本社销售中心负责调换。

定　　价：55.00元

FOREWORD
前 言

1939年9月，纳粹德国挑起第二次世界大战（后文统称二战）。二战是一次自1939～1945年所爆发的全球性军事冲突，整场战争涉及全球绝大多数的国家以及所有的大国，最终分成了两个彼此对立的军事同盟——同盟国和轴心国。作为轴心国的核心力量，德军充分利用飞机、坦克的快捷优势，以突然袭击的方式制敌取胜，在短时间内击溃了波兰、丹麦、挪威、荷兰、比利时和法国等国。其中，德国的飞机大部分为先进的设计，在技术上胜过20世纪30年代的其他大部分国家。如Ju 87“斯图卡”轰炸机和Bf 109战斗机就是当时德国的代表性战机。

二战是人类历史上最大规模的战争，超过1亿多名军事人员被动员并参与这次军事冲突。在二战期间，德军除了飞机、坦克之外，还生产配备了性能优良的火炮、战舰等重武器。这些重武器提供了德国陆军战术性的密集支援，令德军在战争前九个月内以非常短的时间内取得大面积的胜利。

因篇幅限制，本书第一版对二战时期的德军战机和战舰介绍不足，仅收录了部分最具代表性的型号。第二版着重补充了战舰和战机部分，同时也添加了第一版未提及的部分火炮和战车。除了补充遗漏的武器，第二版还替换了部分图片。通过阅读本书，读者会对二战时期的德军重武器有一个全面和系统的认识，并对这场人类历史上最大的战争有一个全新的感悟。

作为传播军事知识的科普读物，最重要的就是内容的准确性。本书的相关数据资料均来源于国外知名军事媒体和军工企业官方网站等权威途径，坚决杜绝抄袭拼凑和粗制滥造。在确保准确性的同时，还着力增加趣味性和观赏性，尽量做到将复杂的理论知识用简明的语言加以说明，并添加了大量精美的图片。因此，本书不仅是广大青少年朋友学习军事知识的不二选择，也是军事爱好者收藏的绝佳对象。

参加本书编写的有丁念阳、杨淼淼、黎勇、王安红、邹鲜、李庆、王楷、黄萍、蓝兵、吴璐、阳晓瑜、余凑巧、余快、任梅、樊凡、卢强、席国忠、席学琼、程小凤、许洪斌、刘健、王勇、黎绍美、刘冬梅、彭光华、邓清梅、何大军、蒋敏、雷洪利、李明连、汪顺敏、夏方平等。在编写过程中，国内多位军事专家对全书内容进行了严格的筛选和审校，使本书更具专业性和权威性，在此一并表示感谢。

由于时间仓促，加之军事资料来源的局限性，书中难免存在疏漏之处，敬请广大读者批评指正。

编者

2017年5月

FOREWORD 第一版前言

从冷兵器到热兵器，可以说，自从有了战争，人类就一直在不断地寻求各种武器。第一次世界大战（后文统称一战）时期，不论是轻武器还是重武器，都得到了前所未有的发展，其中，后者不仅在种类上有所突破，也在科技技术上略有创新，例如坦克。

坦克的诞生让一战时期的堑壕战术彻底瓦解，并随即催生出了各种反坦克武器（如正文所讲述的各种反坦克火炮、导弹等），以及新式战术（例如以坦克、飞机为主的“闪电战”）。在德国点燃第二次世界大战（后文统称二战）的导火索之后，海、陆、空三栖重武器更是得到进一步发展。以战机为例，不论是飞行速度、升空高度，还是格斗技巧、载弹容量，都较之前有了质的飞越。

平心而论，二战期间德国武器装备的性能要比盟军的优秀，例如“虎”式重型坦克，在战争初期，盟军几乎没有任何坦克、反坦克武器可以击毁它。不过，随着时间的推移，“虎”式重型坦克“不可被击毁”的神话最终被盟军打破。对于战争胜利的渴望，以及想急迫地结束战争，德国在重武器上可谓下了不少工夫，坦克只是其中之一。

在二战后期，德国创下了许多划时代的重武器，例如Me-262战斗机（世界上第一种实用化的喷气式飞机）、V2火箭（世界上最早投入实战使用的弹道导弹）等。虽然这些武器没能帮助德国赢得战争，但是运用在武器上的各领域技术，却让战后世界强国飞速发展，尤其是在航空这一方面，这不得不归功于德国的V2火箭等“超时光”的技术。

除了这些“高尖端”的武器装备之外，二战中诸如性能优越的步枪、冲锋枪和机枪之类的步兵武器，以及坦克、自行火炮和军舰等重武器，都是德国主力武器之一，不过本书主要讲述重武器。本书选取了来自二战期间德国的各种重武器，其中包括战车、战机、战舰以及导弹等。书中对它们的诞生历史、作战性能和实战表现等方面都有详细的文字解释，并配有最真实的图片，以帮助读者快速地聚集二战，审视德国重武器。本书会帮你重新认识二战时期的德国重武器，进而重新认识二战这段沉重的历史。如果你是一位军事迷，请不要犹豫，你会沉醉于其中，满足你的好奇心和求知欲。

作为传播军事知识的科普读物，最重要的就是内容的准确性。本书的相关数据资料均来源于国外知名军事媒体和军工企业官方网站等权威途径，坚决杜绝抄袭拼凑和粗制滥造。在确保准确性的同时，我们还着力增加趣味性和观赏性，尽量做到将复杂的理论知识用最简明的语言加以说明，并添加了大量精美的图片。因此，本书不仅是广大青少年朋友学习军事知识的不二选择，也是资深军事爱好者收藏的绝佳对象。

参加本书编写的有丁念阳、黎勇、王安红、邹鲜、李庆、王楷、黄萍、蓝兵、吴璐、阳晓瑜、余凑巧、余快、任梅、樊凡。在编写过程中，国内多位军事专家对全书内容进行了严格的筛选和审校，使本书更具专业性和权威性，在此一并表示感谢。

由于时间仓促，加之军事资料来源的局限性，书中难免存在疏漏之处，敬请广大读者批评指正。

2015年是二战胜利70周年，仅以此套丛书献给为了人类的正义而浴血奋战过的反法西斯英雄们！

编者

2014年8月

CONTENTS

目 录

★ 第3章 风暴烈焰——火炮 /60

★ 第4章 深海铁甲——战舰 /108

★ 第5章 天空之翼——战机 /141

80多年前，由德国发动的战争横扫欧洲，将当时的主要军事力量卷入其中，只留下一片腥风血雨和破败不堪的景象，数以万计的人在这场规模空前的战争中丧命。这就是第二次世界大战（以下简称二战）。在这场空前的战争中，德军是罪魁祸首，同时也是新兴科技的领军者，它催生了许许多多的划时代科技。

1.1 二战德军兵力概览

1.1.1 陆军

二战前进行军事演习的德国陆军

第一次世界大战（以下简称一战）结束后，协约国限制了德国陆军的人员数量，《凡尔赛条约》也在其装备和机关上设有重重限制，将其打压为警察性质的军队。但德国军方通过与外国合作，暗地研究与发展军事学说和武器，并培育十万陆军的军官团，将其打造为日后扩军的骨干。德国陆军在此时发展得尤其令人瞩目的是装甲部队，在瓦尔特·冯·布劳希奇（元帅）与海因茨·古德里安（大将）等人的推动下，即便德国此时并无坦克，但有素的训练以及完善的作战规范，为日后装甲部队建设打下了良好的基础。1935年，希特勒宣布撕毁《凡尔赛条约》，陆军随即开始扩军，建立了36个师，并大量生产装甲车辆，进行现代化装备。

二战中的德国陆军士兵方阵

⊕ 坦克生产车间

⊕ 军医正在为战争中受伤的德国士兵进行医治

⊕ 二战德军士兵与坦克（“虎王”重型坦克）

苏德战争初期，德国陆军凭着作战经验丰富和战斗力强而略占上风，不断完成巨大的钳形攻势包围歼敌作战，俘虏苏军数百万士兵和装备。然而在莫斯科战役中，德国陆军失败，后在斯大林格勒战役中再次惨败。其他战场上，盟军也将德国陆军击败，1943年，第二次阿拉曼战役使德军失去战争的战略主动权。1944年6月6日，诺曼底战役之后，东西线的德军逐渐退回本土。1944年9月，德军动员剩余的部队发起最后的大规模突击进攻反击，但仍失败。最后，德国于柏林战役战败后，在1945年5月8日正式宣布投降，其陆军则在1946年8月20日解散。

⊕ 隶属德军的狙击手（枪械为毛瑟Kar98k手动步枪）

1.1.2 海军

1921年1月1日，依照《凡尔赛条约》规定，德国成立了新的国家海军。《凡尔赛条约》严格限制了德国海军的规模与实力，德国只能拥有15000名的海军人员，规定服役长达25年；舰船仅能保有6艘排水量10000吨以下的旧式战斗舰、6艘巡洋舰、12艘驱逐舰、12艘鱼雷艇，并额外规定禁止拥有军用飞机、航空母舰和潜艇。

德国海军的战列舰一角

1933年1月，纳粹党成为德国执政党，希特勒支持重组海军舰队。1935年，希特勒正式宣布单方面废止《凡尔赛条约》，并将国家海军改名为战争海军。英国对于德国重整军备的动作颇为担忧，为保持两国较不紧张的关系，于1935年6月18日与德国签订了《英德海军协定》。该协定让德国受益颇多，可以装备潜艇，并能建立规模为英国皇家海军35%总吨位的舰队，总吨位约40万吨。6月29日，在条约签完仅11天，第一艘新潜艇——U-1就在基尔军港下水服役。虽然德国潜艇已可正常装备，但希特勒不想暴露其战争野心，未批准大规模的潜艇生产计划，并表示希望一切问题借由外交手段解决，重整军备不过是将德国变回一个“正常”的国家。二战爆发后，相比潜艇而言，德国舰队的其他战舰作为不算突出。

军舰上的德国海军士兵

德国海军作战舰队

二战后期，德国节节败退，苏联红军从东部直捣德国本土，同时，盟军也在法国开辟了第二战场。德国海军虽然派遣潜艇拦截登陆船只，战果却极小，还损失多艘潜艇。东部则是海军水面舰以炮火支援，帮助陆军逐渐撤退。到了战争最后阶段，邓尼兹还计划动用所有潜艇进行攻势作战，但仍无法挽回局面，在战争最后5周内，共有83艘潜艇被击沉。

⊕ 德国重建海军舰队计划的核心人物埃里希·雷德尔

1945年4月30日，希特勒自杀，根据其遗嘱任命邓尼兹为联邦大总统和国家元首。5月2日，邓尼兹在弗伦斯堡组成新政府，5月5日，邓尼兹命令所有U型潜艇停止攻击行动，并返回基地。5月8日，德国正式投降，战争海军则到1946年才正式解散。

1.1.3 空军

⊕ 德国空军飞行员与战斗机

在一战后签订的《凡尔赛条约》中规定，德国不得拥有空军，但因为德军高层与国内民航公司、飞行俱乐部合作，使德国在航空技术上没有落后于其他国家。而德国空军的真正重建起于希特勒上台后数个月。

二战期间，相较其他国家的空军部队，德国空军拥有许多地面部队，其中还有一支伞兵部队——“空降猎兵”。“空降猎兵”组建于1938年。1940～1941年期间，在各地进行了空降作战，最有名的行动为1940年5月的埃本-埃美尔要塞战役和海牙战役，以及1941年5月的克里特岛战役。然而，因为

超过4000名“空降猎兵”的成员于克里特岛作战中阵亡，从此再也没有大规模的空降作战。在美国未加入二战之前，德国与英国发生过多次大小规模的空战，前者由于在战机性能上略占优势，所以取得了一定的胜利。但美国参战后，英国皇家空军迅速恢复实力，能对德国本土持续地空袭，德国将其反击行动称作“帝国保卫战”。在这期间，德国空军的力量持续被削弱，到了1944年中期基本上已消失，这使得在西线反击盟军的德国陆军缺乏空中支援。

在二战后期，德国还为其空军大力打造了各式战机，例如后面讲到的Me-262喷气式战斗机等。尽管该机有多次战术性的胜利，但在战略上不断失败，而且由于数量太少，来得也太晚，所以根本无法扭转德军失败的局面。

⊙ 德国工厂正在大量生产的Ju 88轰炸机

⊙ Ju 87为战争初期德国空军力量的象征之一

1.2 二战德军重武器概述

1.2.1 重武器分类

1.2.1.1 战车

战车，一般指战斗车辆，包括坦克和装甲车，其中，由于坦克比较特殊，

⊕ 二战期间德国的坦克生产车间

通常单独归类。一战中，重机枪的使用、堑壕战的产生，使得坦克这种掩护步兵突进的装甲战斗车辆应运而生，在战场上，尤其是二战战场上出尽了风头，被称为“陆战之王”。坦克根据其重量可以划分为：小坦克（10吨以下）、轻型坦克（20吨以下）、中型坦克（20～40吨）、重型坦克（40～70吨）、超重型坦克（70吨以上）。二战中，由于坦克在战场上的优秀表现，所以出现了很多针对它的武器装备，其中就包括自行火炮。自行火炮的用途不仅仅是反坦克，还可以在己后方为前线士兵提供有力的火力支援。这种情况又促使了另一种战车的大力发展，它就是装甲车。

以坦克（这里包含两栖坦克）为主的陆地武器可以说是二战中最主要的作战武器，各国都致力于发展坦克，因此，当时该武器的技术可以说是如日中天。例如德国“虎王”重型坦克，其车身前装甲厚度为100～150毫米，侧装甲和后装甲厚度为80毫米，底部和顶部装甲厚度为28毫米。炮塔的前装甲厚度为180毫米，侧装甲和后装甲厚度为80毫米，顶部装甲厚度为42毫米。即使在近距离上，同时期内也很少有火炮能摧毁它的正面装甲。

⊕ 德国士兵与坦克

1.2.1.2 火炮

德国士兵使用火炮进行攻击

火炮常常会左右一次战役甚至战争的胜负。在二战中，死于炮口下的人数甚至比死于枪口下的人数还多。在一场战斗开始之前，交战双方通常会先使用火炮进行火力压制，尽量杀伤对方的有生目标，摧毁对方的武器装备，并产生威慑力，让对方的士兵恐惧。

二战中，德军火炮的种类、数量繁多，主要有自行式火炮和牵引式火炮两大类。前者不需要额外搭配行进动力，主要依靠自身的坦克底盘前行；后者则需要马匹、人力或者用车辆进行牵引。战争初期，德军的牵引式火炮性能比较突出，例如后面所讲的88毫米高射炮。但到了中后期，这些火炮对于苏军的厚实装甲的坦克来说，已经不足为惧了。鉴于此，德军不得不建造其他更强劲的火炮，例如“追猎者”自行火炮和“古斯塔夫”超重型铁道炮等。不过从某种角度来说，这些火炮本质是“应急产品”，所以无法改变德国的败局。

德国士兵使用火炮为前线部队提供火力支援

1.2.1.3 战舰

战舰是装有厚装甲和大口径主炮的大型军舰，是人类创造的最庞大和复杂的武器系统之一。由于功能的不同，战舰分为很多种类，其中包括战列舰、巡洋舰和护卫舰等。值得注意的是，同坦克一样，由于航空母舰较特殊，所以通常作为单独种类。从19世纪末到二战，战列舰作为海军中最大的武装舰艇，是一个国家海军力量的标志，因此常被称为主力舰。

二战爆发前，由于德国曾受《凡尔赛条约》的限制，以及自身原因不是非常重视战舰，所以在这方面相较英国等国家而言，非常地落后。不过，德国还是有几款性能不错的战舰，例如后面所讲的“沙恩霍斯特”级战列巡洋舰、“俾斯麦”级战列舰。但它们的命运都是被盟军击沉。

被击中的德国战舰

德国的战列舰

1.2.1.4 战机

战机是直接参加战斗、保障战斗行动和军事训练的飞机的总称，是航空兵的主要技术装备。战机大量用于作战，使战争由平面发展到立体空间，对战略战术和军队组成等产生了重大影响。

空中格斗中的德军战斗机

平心而论，二战中德军战机的性能非常优秀，不论是初期的Bf-109战斗机、Fw-190战斗机，还是后期的

Me-262喷气式战斗机、Ar 234轰炸机，它们在技术上都要领先于当时盟军。虽然盟军战机性能略逊，但好在是数量较多，量变往往能引起质变。

进行风洞测试的战机

1.2.1.5 导弹

二战中，德国开创了导弹时代。在战争末期，其先后研发了数款导弹，其中包括BV246“冰雹”反辐射导弹、X-7“小红帽”反坦克导弹和HS-117“蝴蝶”地对空导弹等。虽然当时德国拥有如此先进的武器，但是这些武器的设计并不完善，贴切地说是“不实用”，而且这些武器被研发出来时德国已经是强弩之末了，所以其没能利用这些武器来取得胜利。另外，美国在二战使用的“高尖端”炸弹——原子弹，开辟了核武器时代。

1.2.2 著名军工企业

1.2.2.1 克虏伯公司

克虏伯公司LOGO

全称：克虏伯公司（Krupp）
创始人：阿尔弗雷德•克虏伯
成立时间：1811年
总部地点：德国埃森市
战时产品：88毫米高射炮、“古斯塔夫”铁道炮

克虏伯是19～20世纪德国工业界的一个显赫的家族，其家族企业克虏伯公司是德国最大的以钢铁业为主的重工业公司。在二战以前，克虏伯兵工厂是全世界最重要的军火生产商之一，二战后以机械生产为主。

一战期间，克虏伯工厂正在赶制兵器

克虏伯公司俯视照

目前，克虏伯已成为德国工业巨头，产品范围涉及钢铁、汽车技术、机器制造、工程设计及贸易等领域，基本脱离了军工行业。集团下属的克虏伯电梯集团是全球三大电梯和自动扶梯生产商之一，雇员超过193000人，经营业务遍及世界各地。

1960年，克虏伯公司已经全面转产生产机车

1.2.2.2 莱茵金属公司

莱茵金属公司LOGO

全称：莱茵金属公司（Rheinmetall GmbH）
成立时间：1889年
总部地点：德国北莱茵威斯特法伦州
战时产品：KwK 42坦克炮

莱茵金属公司成立于1889年，总部位于德国北莱茵威斯特法伦州。早在一战时期，莱茵金属公司就是德国最大的军火制造商之一，二战期间，该公司是德军各式火炮的主要供应者。

二战期间莱茵金属公司的工厂内部

目前，莱茵金属的火炮技术堪称世界一流，美国M1、德国“豹”Ⅱ、以色列“梅卡瓦”Ⅳ、日本90式、意大利“公羊”Ⅱ等世界著名坦克都采用了莱茵金属的滑膛坦克炮。特别是M1和“豹”Ⅱ采用了最新的120毫米L/55RH滑膛炮，炮口初速达到1750米/秒，使用钨合金弹，在常温状态下穿深达900毫米，而且精度相当高，射程5000米，为目前射程最远的坦克火炮之一，火炮性能方面非常出色。

1.2.2.3 梅塞施密特公司

梅塞施密特公司LOGO

全称：梅塞施密特股份公司（Messerschmitt AG）
创始人：吉斯坦·奥托、威利·梅塞施密特
成立时间：1916年
总部地点：德国巴伐利亚
战时产品：Bf 109战斗机、Me 262战斗机

梅塞施密特公司是一家著名的德国飞机制造商，该公司开发的飞机在二战有着出色的表现，如Bf 109战斗机和Me 262战斗机。二战结束后，梅塞施密特公司被禁止制造航空器，转而生产迷你车KR175/KR200系列。1968年6月6日，梅塞施密特公司与一家民用航空公司伯尔科合并，成为梅塞施密

梅塞施密特公司的Bf 109生产厂

梅塞施密特公司的早期飞机（M20飞机）

特-伯尔科。同年5月再买下汉堡飞机制造厂（HFB）、布洛姆-福斯的航空部门，公司再次更名为梅塞施密特-伯尔科-布洛姆（MBB）。1989年，MBB被戴姆勒克莱斯勒太空公司（当时称作德国航太公司）并购，最后成为欧洲航空防卫暨太空公司。

1.2.2.4 亨克尔飞机公司

亨克尔飞机公司LOGO

全称：亨克尔飞机制造厂（Heinkel Flugzeugwerke）
创始人：恩斯特·亨克尔
成立时间：1922年
总部地点：德国施佩耶尔
战时产品：He 111中型轰炸机、He 177重型轰炸机

亨克尔飞机制造厂是德国一家飞机制造商，曾制造出世界上第一种喷气式飞机He 178、第一种液态燃料火箭动力飞机He 176。二战期间，该公司主要为德军生产轰炸机，包括主力的中型轰炸机He 111和其唯一的四发轰炸机He 177。1965年，亨克尔公司被综合航空技术制造厂公司（Vereinigte Flugtechnische Werke）合并。

亨克尔飞机公司的早期战机

1.2.2.5 容克斯飞机公司

容克斯飞机公司LOGO

全称：容克斯飞机与发动机制造厂（Junkers Flugzeug-und Motorenwerke AG）
创始人：雨果·容克斯
成立时间：1895年
总部地点：德国德绍
战时产品：Ju 86轰炸机、Ju 287轰炸机

容克斯飞机与发动机制造厂是德国一家飞机制造商，一般直接通称“容克斯”。一战期间，容克斯研制了当时世上最先进的全金属单翼机。二战后，容克斯公司存活下来并重组为容克斯有限责任公司（Junkers GmbH），之后于1958年被并入梅塞施密特-伯尔科-布洛姆（MBB）财团。1989年，MBB被德国宇航公司（DASA）收购，1995年更名为戴姆勒-奔驰宇航公司，成为如今欧洲宇航防务集团（EADS）的前身。

容克斯飞机公司的车间远景（人物头像为容克斯飞机公司的创始人雨果·容克斯）

第2章

钢铁集结

——坦克和装甲车

坦克，号称“陆战之王”。在二战中，德军非常重视坦克的发展，从轻型坦克到重型坦克，无一不是全力打造，以期它能在战场上占据绝对优势，给予盟军致命打击。但是，由于盟军坦克数量多，所以德军并没有占多少优势。此外，为应对战场上的其他任务（例如运输），德军还开发了多款装甲车，以配合坦克、步兵作战。下面我们将带您走进二战德军的钢铁世界。

“虎王”重型坦克

长度	7.38米	重量	69.8吨
宽度	3.76米	最大速度	42千米/小时
高度	3.09米	最大行程	170千米

“虎王”（King Tiger）是德国在二战后期研制的重型坦克，又称为“虎”Ⅱ（Tiger Ⅱ），参加了二战后期欧洲战场的许多战役，还参加了标志着欧洲战场结束的柏林战役。

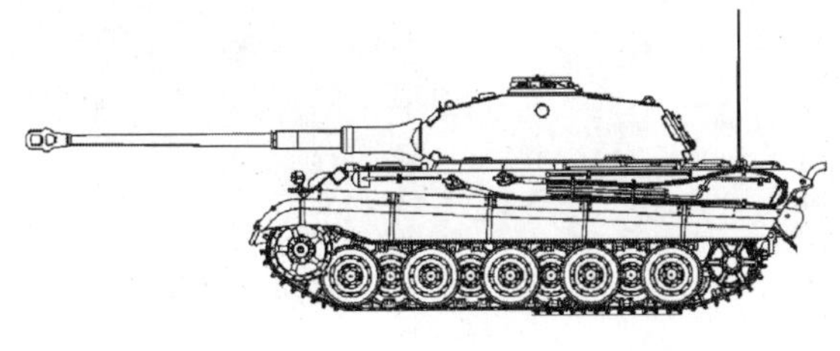

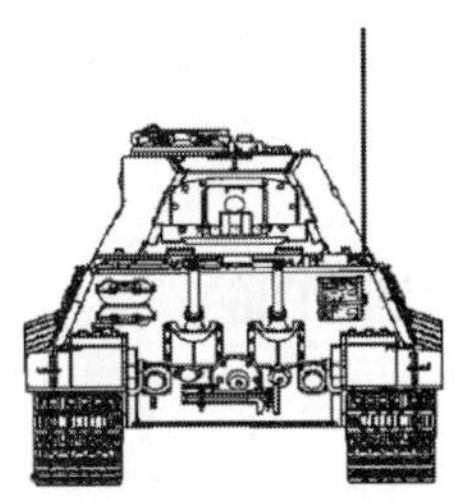

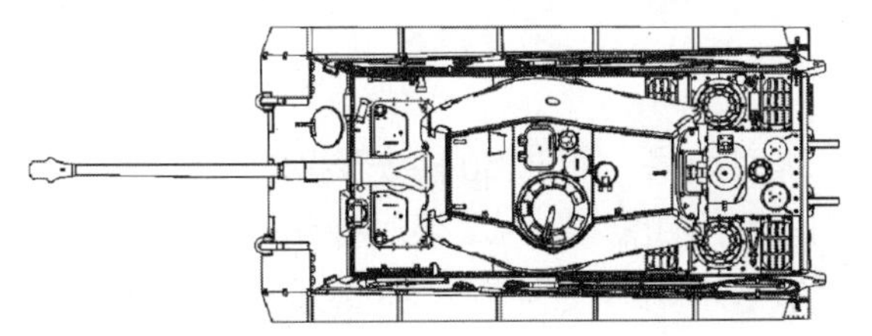

↑“虎王”重型坦克三视图

研制背景

行驶中的“虎王”重型坦克

1937年，德国武器军备发展局提出了重型坦克的研发计划。1941年5月的一次军事会议上，新式重型坦克发展计划正式起步，希特勒在会议上提出了相关要求。这次会议决定发展了“虎”式和“虎王”两种重型坦克，由于前者在战场上的成功，“虎王”的研发进度被放缓，直到1943年1月才真正开始设计，1944年1月开始批量生产。“虎王”原计划生产1500辆，但由于盟军对德国的战略轰炸，最终只生产了489辆，其中1943年生产3辆，1944年生产377辆，1945年生产107辆。

士兵正在为“虎王”重型坦克喷涂伪装涂层

作战性能

（1）火力配置

“虎王”坦克采用了两种新型炮塔，首批50辆安装保时捷公司设计的炮塔，之后的安装亨舍尔公司设计的炮塔。其中，保时捷炮塔装备一门单节88毫米火炮（备弹80发），亨舍尔炮塔则装备双节式88毫米火炮（备弹86发）。这种火炮是二战期间德军装备的坦克炮中威力最大的一种，身管长达6.3米，可发射穿甲弹、破甲弹和榴弹，具备在2000米的距离上直接击穿美国M4“谢尔曼”中型坦克主装甲的能力。除了主炮，“虎王”坦克还安装了3挺MG34/MG42型7.92毫米机枪，备弹5850发，用于本车防御和对空射击。

“虎王”重型坦克的88毫米主炮特写

（2）装甲防护

“虎王”坦克的车体和炮塔为钢装甲焊接结构，正面装甲的厚度比“虎”式坦克加强了很多，且防弹外形较好。其车身前装甲厚度为100～150毫米，侧装甲和后装甲厚度为80毫米，底部和顶部装甲厚度为28毫米。炮塔的前装甲厚度为180毫米，侧装甲和后装甲厚度为80毫米，顶部装甲厚度为42毫米。即使在近距离上，同时期内也很少有火炮能摧毁它的正面装甲。不过，“虎王”坦克的侧面装甲还是能被盟军坦克摧毁。

街道上的“虎王”重型坦克

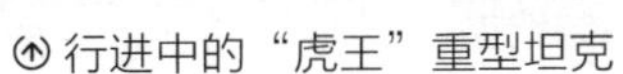

行进中的“虎王”重型坦克

（3）机动性能

“虎王”坦克采用HL230P30型V形12缸水冷汽油机，传动装置为奥尔瓦401216B型机械式变速箱，有8个前进挡和4个倒挡。行动装置包括双扭杆独立式弹簧悬挂装置和液力减振器，车体每侧有9个直径800毫米的负重轮，分为两排交错排列。主动轮在前，诱导轮在后。“虎王”坦克有两种

履带，即用于铁路运输的660毫米履带、800毫米战斗履带。由于重量极大，且耗油量大，“虎王”坦克的机动性能较差，最大公路速度为35 ～ 38千米/小时。

实战表现

备战中的“虎王”重型坦克

1944年5月，“虎王”在明斯克附近首次参战。同年6月18日，德军第503坦克营装备的两个“虎王”坦克连队还参与了诺曼底战役，但由于技术原因，这两个“虎王”连队都遭受了毁灭性的打击。1944年8月12日，“虎王”坦克投入东线作战，首战为第501独立装甲团参与的争夺苏联维斯图拉河上巴拉诺夫桥头堡之战。此后，“虎王”和其他德国装甲车辆共同参加了阿登攻势。1945年4月德国投降前夕，“虎王”坦克还与苏军在柏林东部西洛高地展开激战。由于生产数量较少，而且参战时间很短，“虎王”坦克并没有对二战的进程起到较大影响。

被击毁的“虎王”重型坦克

“豹”式中型坦克

长度	8.66米	重量	44.8吨
宽度	3.42米	最大速度	55千米/小时
高度	3米	最大行程	250千米

“豹”式中型坦克是二战期间德国最出色的坦克之一，又称为五号坦克（Panzerkampfwagen Ⅴ），主要在东线战场服役。

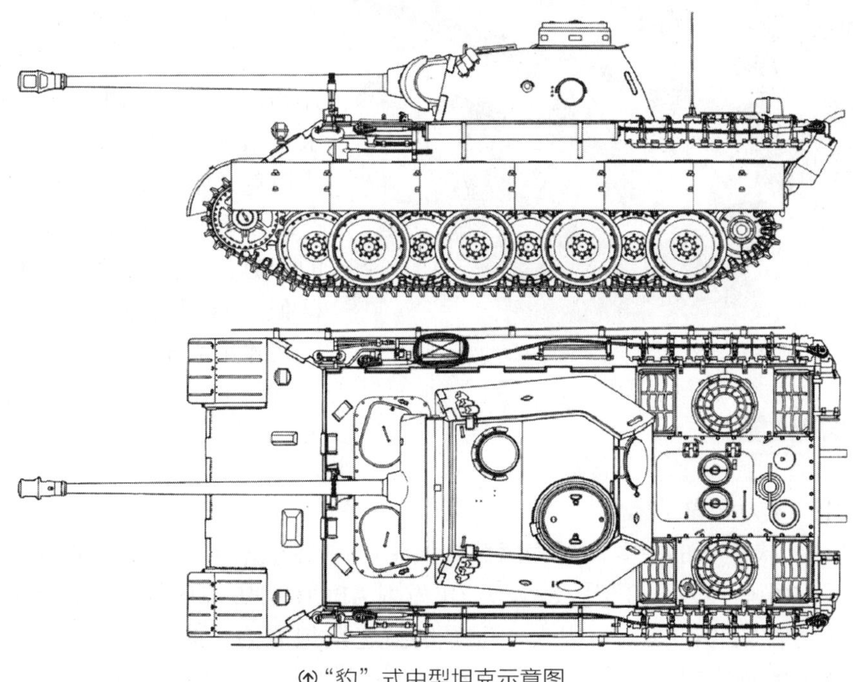

↑“豹”式中型坦克示意图

研制背景

废墟中的“豹”式中型坦克

苏德战争爆发后，两国在坦克方面进行了对抗。苏联T-34中型坦克的诞生，让德军惴惴不安。之后，海因茨•古德里安将军大力要求德军最高统帅部派出一支部队到东线战场，针对T-34坦克做出评估。在了解T-34坦克的优势之后，奔驰公司和曼公司被授命设计新型坦克，指定开发编号为VK3002。最后，曼公司的设计方案被德军采用，定名为“豹”式坦克，并于1942年开始批量生产。由于德军的需求量很大，1943年以后，“豹”式坦克开始由多家公司分担生产。由于盟军的轰炸和生产上的问题，“豹”式坦克的产量极低。直至战争完结，德国一共才生产6000辆左右。

待命中的“豹”式中型坦克编队

作战性能

（1）火力配置

“豹”式坦克的主要武器为莱茵金属生产的75毫米半自动KwK42 L/70火炮，通常备弹79发（G型为82发），可发射APCBC-HE、HE和APCR等炮弹。该炮的炮管较长，推动力强大，可提供高速发炮能力。此外，“豹”式坦克的瞄准器敏感度较低，击中敌人更容易。因此，尽管“豹”式坦克的火炮口径并不大，但却是二战中最具威力的火炮之一，其贯穿能力甚至比88毫米KwK36 L/56火炮还高。“豹”式坦克还有2挺MG34机枪，分别安装于炮塔上及车身斜面上，用于扫除步兵及防空。

“豹”式中型坦克主炮炮塔特写

（2）装甲防护

“豹”式坦克的倾斜装甲采用同质钢板，经过焊接及锁扣后非常坚固。整个装甲只留有两个开孔，分别提供给机枪手和驾驶员使用。最初生产的“豹”式坦克只有一块60毫米的斜甲，但不久就加厚至80毫米，而“豹”式D型以后的型号更把炮塔装甲加强至120毫米，以保护炮塔的前端。“豹”式坦克的炮塔也采用倾斜装甲，内部空间狭小，但为车长设计了一个良好的顶塔。坦克两侧装有5毫米厚的裙边，以抵挡磁性地雷的攻击。

战场上的“豹”式中型坦克

（3）机动性能

“豹”式坦克采用迈巴赫HL230P30 V-12汽油发动机，功率为514千瓦，以齿轮箱及掌控系统驱动。为了减少发动机故障，“豹”式坦克特别安装了调速器，以把发动机的转数下调至每分钟2500转。此外，调速器的安装也使得“豹”式坦克行进的速度由55千米/小时下降至46千米/小时。

行进中的“豹”式中型坦克

实战表现

一辆被美军捕获的“豹”式中型坦克

1943年7月5日的库尔斯克战役，是“豹”式坦克首次参与的大规模作战。战事初期，“豹”式坦克的驾驶员都被一些机械问题困扰：坦克的履带和悬吊系统时常受损，引擎也往往因为过热而发生火灾。很多“豹”式坦克都因为这些弱点而不能作战。此次战役后，德军很快改进了“豹”式坦克存在的问题。1943～1944年间，“豹”式坦克可以在2000米的范围内轻易击破大多数盟军坦克。根据美军的统计资料，平均一架“豹”式坦克可以击毁3辆M4“谢尔曼”中型坦克或大约5辆苏联T-34/85中型坦克。

休整中的“豹”式中型坦克

“虎”式重型坦克

长度	6.32米	重量	54吨
宽度	3.56米	最大速度	45千米/小时
高度	3米	最大行程	195千米

“虎”式重型坦克又称为六号坦克（Panzerkampfwagen Ⅵ）或“虎”Ⅰ（Tiger Ⅰ），有着较突出防护力。二战期间，德军乘组员之间称其为“无敌坦克”。到了现在，更成了具有传奇色彩的坦克。

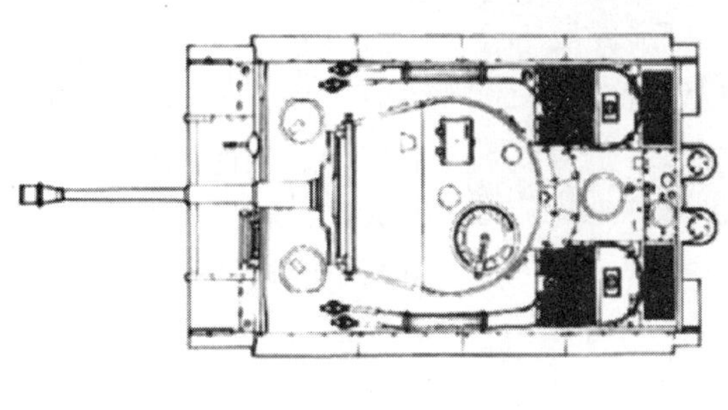

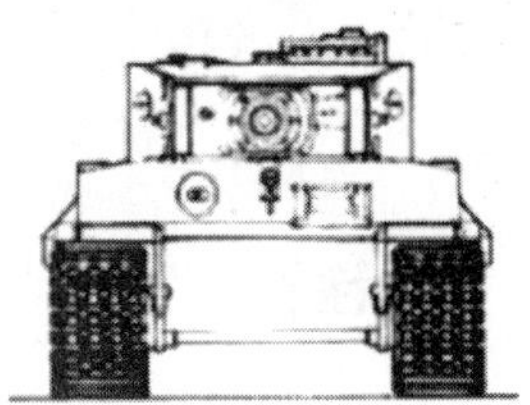

⇑“虎”式重型坦克三视图

研制背景

装配中的“虎”式重型坦克

1937年，德国武器军备发展局提出了重型坦克的研发计划，并将具体性能要求发给了德国的奔驰公司、曼公司、亨舍尔公司和保时捷公司。1941年，四家公司分别提交了各自的设计方案。然而，苏联T-34中型坦克的诞生宣告了这些设计方案的过时，于是德国又提高了新式重型坦克的设计标准。1942年4月19日，经过比较测试，亨舍尔公司的基本架构被采用，但要换装保时捷的炮塔。同月，新式坦克定型并命名为“虎”式坦克。这个绰号是由斐迪南·保时捷所取，他是德国著名的汽车工程师、保时捷汽车公司创始人、“虎”式坦克与甲壳虫汽车的设计者。

性能测试中的“虎”式重型坦克

作战性能

（1）火力配置

“虎”式重型坦克的主要武器是一门88毫米的KwK36 L/56火炮，为电动击发，准确度较高，是二战时期杀伤效率最高的几款坦克炮之一。该炮可装载三种型号弹药：PzGr.39弹道穿甲爆破弹、PzGr.40亚口径钨芯穿甲弹和HI.Gr.39型高爆弹。“虎”式坦克所发射的炮弹能在1000米距离上轻易贯穿

130毫米装甲。除了主炮，“虎”式坦克还装有2挺7.92毫米MG34机枪。

（2）装甲防护

“虎”式坦克车体前方装甲厚度为100毫米，炮塔正前方装甲则厚达120毫米。两侧和车尾也有80毫米厚的装甲。二战时期这样的装甲厚度能够抵挡大多数接战距离，尤其是来自正面的反坦克炮弹。“虎”式坦克的炮塔四边接近垂直，炮盾和炮塔的厚度相差无几，要从正面贯穿“虎”式的炮塔非常困难。“虎”式坦克的装甲采用焊接，外形设计极为精简，履带上方装有长盒形的侧裙。“虎”式坦克的薄弱地带在车顶，装甲仅有25毫米（1944年3月增加至40毫米）。

“虎”式重型坦克主炮正面

“虎”式重型坦克侧面

（3）机动性能

尽管为了增强装甲防护力和攻击力，“虎”式坦克适度牺牲了机动性能，但并没有差到不可接受的地步。与美国M4“谢尔曼”中型坦克和苏联T-34中型坦克相比，“虎”式坦克的机动性确实逊色许多，但在同时期的重型坦克中，“虎”式的机动性却名列前茅。由于“虎”式坦克的重量较大，通过桥梁非常困难，因此它被设计可以涉水4米深，但入水前必须准备充分，炮塔和机枪要密封并且固定在前方，坦克后部需要升起大型呼吸管，整个准备过程需要30分钟左右。

“虎”式重型坦克使用的负重轮

实战表现

雪地战场上的“虎”式重型坦克

1942年8月，“虎”式坦克开始批量生产，1944年8月生产了1355辆后停止。开始生产时平均每月25辆，1944年4月增长至每月104辆。“虎”式坦克的设计着重火力和装甲防护，而适度牺牲机动性。1942年9月，“虎”式坦克在列宁格勒附近首次参战。该坦克火力强劲，超过10位以上的“虎”式坦克指挥官拥有超过100辆各式盟军车辆的击毁纪录，包括：约翰内斯·胞尔特（139辆以上击毁）、奥托·卡利乌斯（150辆以上击毁）、卡特（168辆击毁）和米歇尔·魏特曼（138辆击毁）等。

疾速行驶中的“虎”式重型坦克

一号坦克

长度	4.02米	重量	5.4吨
宽度	2.06米	最大速度	50千米/小时
高度	1.72米	最大行程	200千米

一号坦克（Panzerkampfwagen Ⅰ）是德国于20世纪30年代研制的轻型坦克，有多种型号，性能都比较差，不过在二战初期还是为德军的闪电战做了一点贡献。

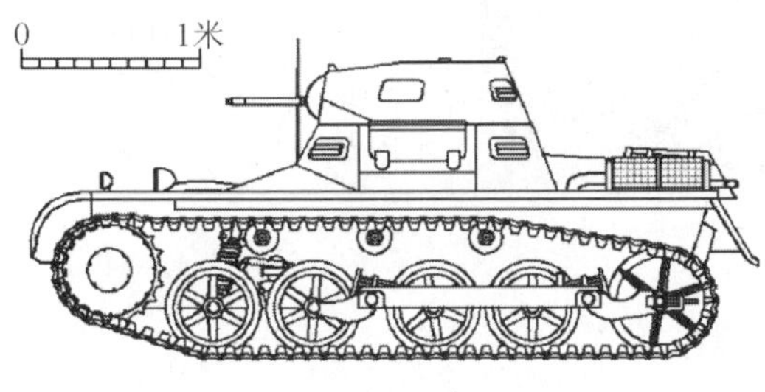

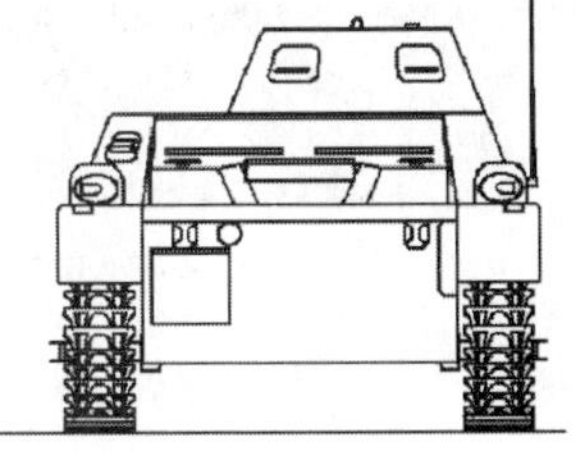

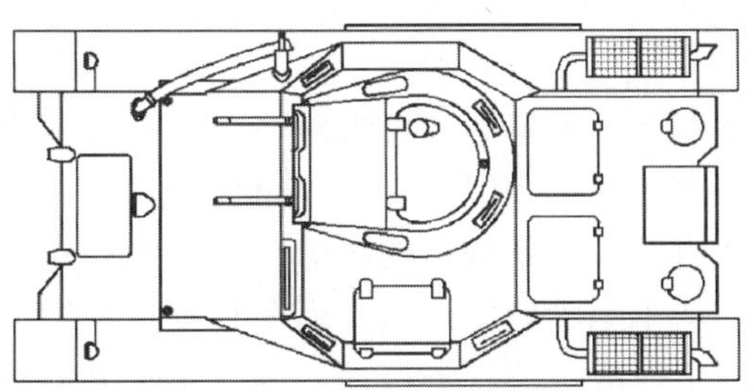

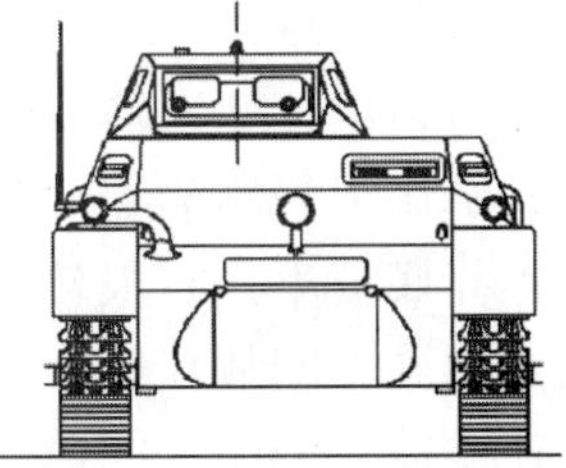

↑ 一号坦克示意图

研制背景

一号坦克指挥型

一号坦克侧面

一号坦克自1932年开始设计，1934年开始生产，德国军械署赋予它的编号为“第101号特殊用途车辆”（SdKfz 101）。该坦克最初仅作为德军建构新一代的装甲战斗与技术时所使用的训练车辆，后来将其投入了西班牙内战。

作战性能

一号坦克A型为轻型双人座坦克，车身装甲极为薄弱，且有许多明显的开口、缝隙以及缝合处，而引擎的马力也相当小。履带的驱动轮位于前方，以致坦克底板下方有根传动轴从引擎经由驾驶员的脚旁连接到驱动轮。两名成员共用同一间战斗舱，驾驶员从车旁的舱门进入，而车长则由炮塔上方进入。在舱盖完全闭合的情况下，车内成员的视野极差，因此车长大多数时候都要冒出炮塔以求更佳的视野。

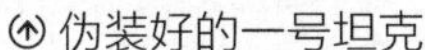
伪装好的一号坦克

二战期间在西班牙军队服役的一号坦克

B型换装了迈巴赫NL38 TR引擎，车体加长，发动机盖改为纵置式，每侧有5个负重轮（后4个装在平衡架上）和4个托带轮。C型与A、B型在外形上完全不同，它的短粗车体上装有平衡式交错重叠负重轮并使用现代化的扭杆式悬挂。搭载改进的早期二号坦克炮塔，装有EW141机关炮1门和MG34机枪1挺，其中EW141为20毫米口径的反坦克速射炮。

行进中的一号坦克B型

实战表现

行进中的一号坦克

由于累积了使用经验，一号坦克在德军于二战初期的闪击行动中作用极大，帮助德军分别于1939年和1940年击败了波兰与法国。到了1941年，一号坦克的底盘被用于建造突击炮和自行反坦克炮。西班牙还将一号坦克进行升级改装来延长其服役寿命，最后一直服役到1954年。

二号坦克

长度	4.8米	重量	7.2吨
宽度	2.2米	最大速度	40千米/小时
高度	2米	最大行程	200千米

二号坦克（Panzerkampfwagen Ⅱ）是德国于20世纪30年代研制的轻型坦克，在二战中的波兰战役与法国战役中扮演了很重要的角色。

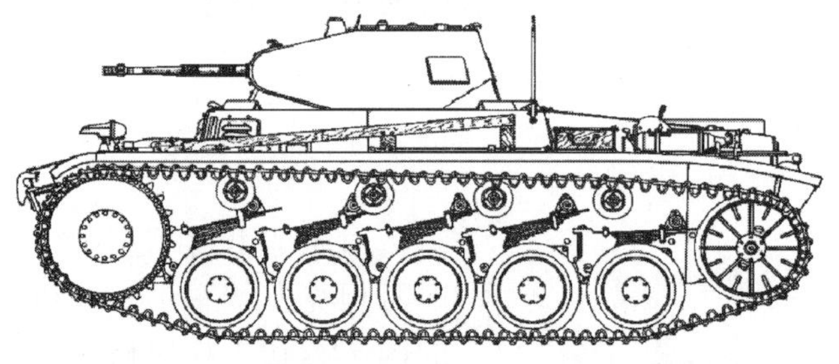

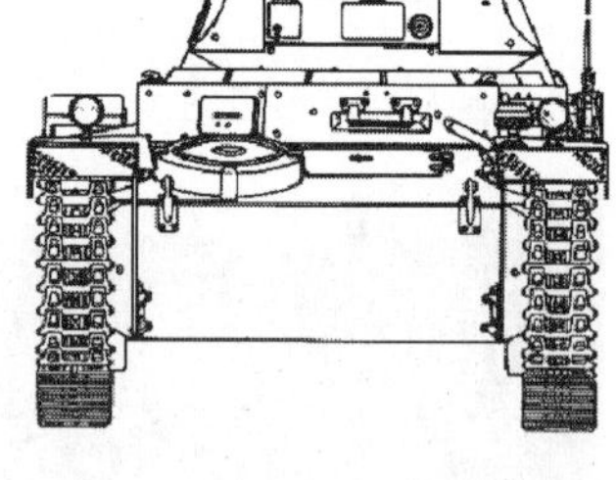

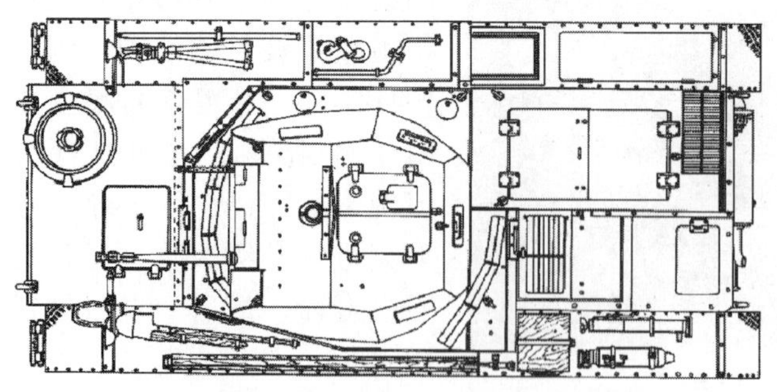

↑ 二号坦克三视图

研制背景

1934年，德军的三号坦克和四号坦克难产。为在短时间内填补装甲部队中产生的空白，德军武器局希望各军火商提供一种重量在10吨以下、拥有一门20毫米机关炮和一挺7.92毫米机枪的轻型坦克。之后，MAN公司和戴姆勒•奔驰公司合作，设计出了二号坦克。1937年7月，二号坦克A型修正了部分设计并开始出厂，是二号坦克的第一种量产型，之后又陆续推出了B型（1937年12月投产）、C型（1938年6月投产）和F型等。

战斗中的二号坦克

行进中的二号坦克

作战性能

二号坦克的主要武器为20毫米机炮，只能够射击装甲弹，全车带有180发20毫米弹药和1425发7.92毫米机枪弹药。大多数车型都备有无线电。二号坦克的承载系统设计十分特别，5个路轮分别安装在四分之一椭圆的避震叶片上。前轮位于前方，惰轮则在后方，履带虽为窄型，但仍十分坚固。

㊉ 德国士兵与二号坦克的合影

实战表现

㊉ 丛林里行进中的二号坦克

1941年6月苏德战争爆发时，二号坦克已明显落后于时代，因此，在1941年3月至1942年12月生产了524辆F型后，标准二号坦克开始退出现役，到坦克学校用作训练或改装为指挥车。部分二号坦克A～F型改进了发动机和冷却设备以适应沙漠战，这些德意志非洲军使用的二号坦克称为A～F（Tp）型。此外，二号坦克的底盘还被用来改装成不同用途的特种车辆，如“山猫”装甲侦察车（配备装甲侦察部队）和“黄鼠狼”75/76.2毫米自行火炮等。

三号坦克

长度	5.56米	重量	23吨
宽度	2.9米	最大速度	40千米/小时
高度	2.5米	最大行程	165千米

三号坦克（Panzerkampfwagen Ⅲ）是德国于20世纪30年代研制的中型坦克，主要用于近距离支援的任务，在二战中被广泛运用。

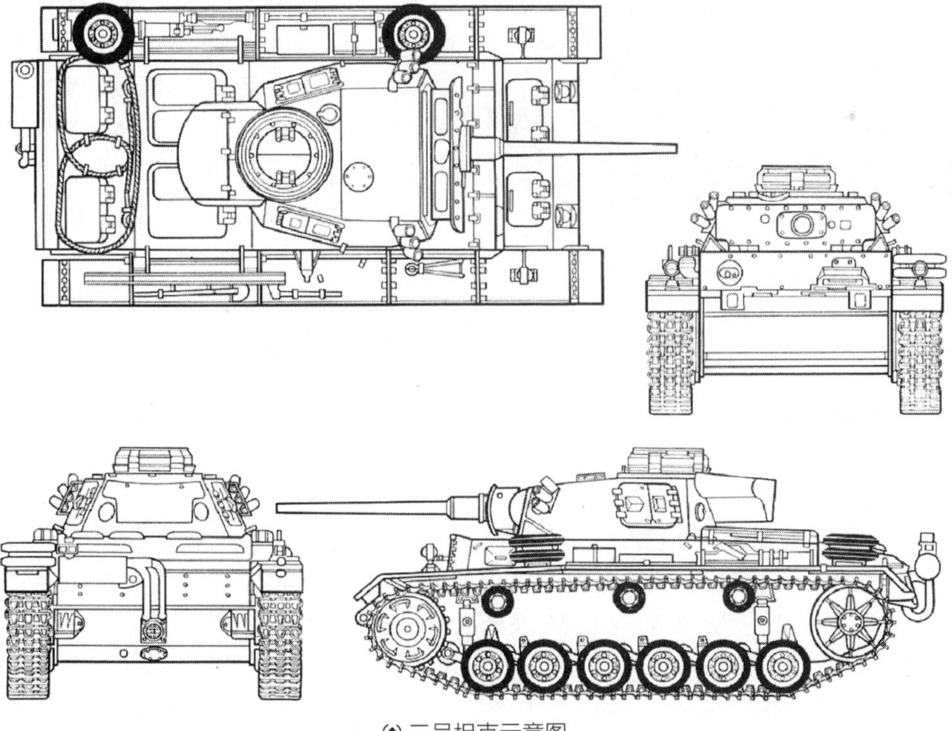

⊕ 三号坦克示意图

研制背景

疾速行驶中的三号坦克

1934年年初，德军某军事指挥官将坦克分为两种基本类型，即携带高初速炮用以反装甲作战的主力坦克，以及携带大口径炮发射高爆弹药的支援型坦克，并规划1个坦克连的组合比例为3个排的主战坦克以及1个排的支援型坦克。根据这种思路，德军拟开发一种最大重量为24吨（以配合德国公路桥梁的载重限制），以及最高行进速度为35千米/小时的中型坦克。之后，戴姆勒-奔驰公司、克虏伯公司、MAN公司及莱茵金属公司以此生产了试验型的坦克，并于1936年及1937年进行测试。最后戴姆勒-奔驰公司的产品被采纳，定型为三号中型坦克。

战地中的三号坦克

作战性能

（1）火力配置

早期生产的三号坦克（A～E型，以及少量F型）安装由PAK36反坦克炮所修改而成的37毫米坦克炮，以应付1939年及1940年的战事。后来生产的三号坦克F～M型都改装50毫米KwK38 L/42及KwK39 L/60型火炮，备弹99发。该炮虽然初速度仍然偏低，但也因此可以发射高爆弹药，而射程也超过英军的2磅炮。1942年生产的N型换装75毫米KwK37 L/24低速炮（四号坦克早期所使用的火炮），备弹64发。辅助武器方面，A～H型都使用两支7.92毫米机枪，以及一支在车身中的机枪。而从G型开始使用一支同轴MG34机枪以及一支在车身上的机枪。

㊉ 野外战斗中的三号坦克

（2）装甲防护

三号坦克A～C型均装上了以滚轧均质钢制成的15毫米轻型装甲，而顶部和底部分别装上10毫米及5毫米的同类装甲。后来生产的三号坦克D型、E型、F型及G型换装新的30毫米装甲，但在法国战场中仍然无法防御英军2磅炮的射击。之后的H型、J型、L型及M型遂在坦克正后方的表面覆上另一层30～50毫米的装甲，导致三号坦克无法有效率地作战。

㊉ 三号坦克与德国士兵的合影

（3）机动性能

三号坦克A～C型采用230匹马力的12汽缸迈巴赫HL 108 TR发动机，而以后的型号使用320匹马力的12汽缸迈巴赫HL 120 TRM发动机，越野能力较强。早期各型装有一组预选式变速齿轮箱，提供前进10挡以及倒车1挡的功能。虽然使坦克操控性相较同时期的其他坦克高，但也使齿轮箱的结构变得很复杂，维修困难。之后的H型进行了改良，将复杂的十段变速齿轮箱改为六段的手动操作式，而履带也加宽以承受改装所增加的重量。悬吊系统采用裴迪南•保时捷所研发的扭力杆，也相对比四号坦克所采用的板状弹簧复杂许多。

㊉ 三号坦克战斗编队

实战表现

三号坦克最先的A型、B型、C型、D型均为发展阶段，只小规模生产并多被用于测试目的，直到1939年E型三号坦克出现后才开始正式量产，量产由数家厂商共同负责。三号坦克原来被计划作为德国陆军的主战坦克，量产后主要用于针对波兰、法国、苏联及在北非的战事，也有一部分参与了1944年在诺曼底及阿登的战事。但在经过苏德两方交战后，证明了三号坦克的实力并不如苏联T-34坦克。因此，三号坦克逐渐退出历史舞台，并逐渐由强化后的四号坦克所代替。

↑ 三号坦克被装载于舰艇上

四号坦克

长度	5.92米	重量	25吨
宽度	2.88米	最大速度	42千米/小时
高度	2.68米	最大行程	200千米

四号坦克（Panzerkampfwagen Ⅳ）是德国在二战中研制的一种中型坦克，当时除了德国使用外，还出口至其他国家，甚至二战结束后仍有国家将其投入战争。

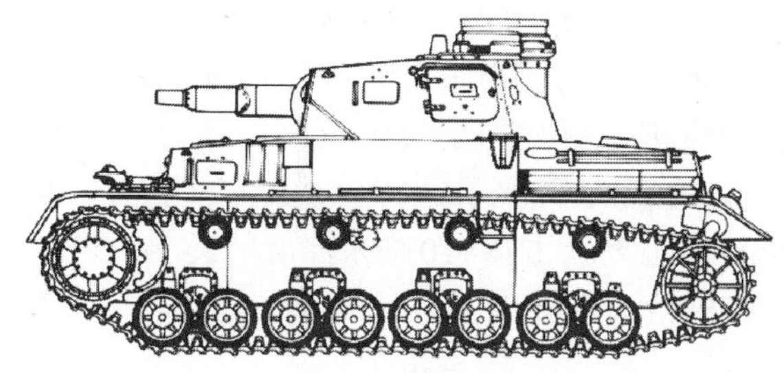

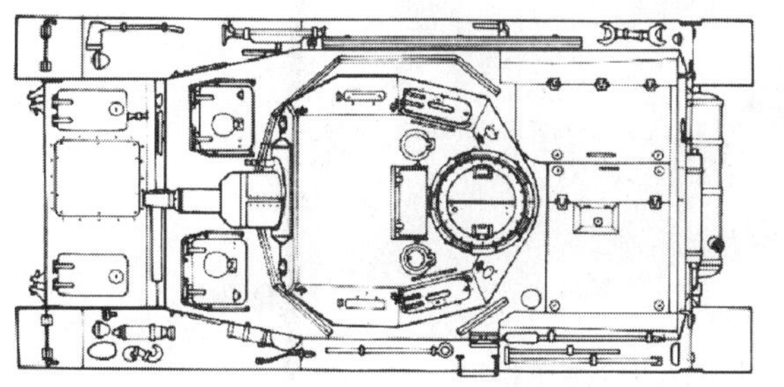

⬆ 四号坦克三视图

研制背景

⬆ 检阅中的四号坦克

⬆ 战地行驶中的四号坦克

四号坦克的研制计划最早是由德国机动兵总司令部参谋海因茨·古德里安于1934年提出的，主要用于掩护步兵攻击。1935年，对莱茵金属、MAN和克虏伯三家公司的试验性坦克进行了测试，最终克虏伯公司胜出，并被命名为四号坦克A型。1937年10月，第一辆四号坦克A型出厂。之后，四号坦克陆续发展出B、C、D、E、F、G、H和J等多种型号。

作战性能

（1）火力配置

四号坦克采用一门75毫米火炮，最初型号为KwK37 L/24，主要配备高爆弹用于攻击敌方步兵。后来为了对付苏联T-34坦克，便为F2型和G型安装了75毫米KwK40 L/42反坦克炮，更晚的型号则使用了威力更强的75毫米KwK40 L/48反坦克炮，该炮的威力仅次于德国“虎”式坦克的88毫米KwK36 L/56坦克炮，可在1000米距离上击穿110毫米厚度的装甲。该坦克的辅助武器为2挺7.92毫米MG34机枪，主要用于对付敌方步兵。

四号坦克主炮特写

（2）装甲防护

四号坦克有多种型号，其装甲厚度各不相同，A型的侧面装甲厚度15毫米，顶部和底部分别为10毫米和5毫米。虽然这样的装甲厚度非常薄弱，但是出于其反步兵的作战任务还是够用的。反坦克型的四号坦克装甲厚度得到大幅增强，其中B型装甲厚度为30毫米，E型50毫米，H型达80毫米。而且许多四号坦克还添加了附加装甲层，且常在车身涂上一层防磁覆盖物。

装甲被摧毁的四号坦克

（3）机动性能

早期型号的四号坦克采用迈巴赫12缸HL108 TR发动机，输出功率170千瓦，后期型号改为迈巴赫12缸HL 120 TRM发动机，输出功率235千瓦，采用钢板弹簧悬挂系统，最大速度40千米/小时，最大行程300千米。

丛林中行驶的四号坦克

实战表现

四号坦克从1939年欧洲战争爆发到结束一直在德军服役，参与了二战欧洲部分的几乎所有重大战役。该坦克不仅参战次数多，产量也是德国二战坦克之最，所以被称为“德国装甲部队的军马”。除了供应德国军队之外，四号坦克也被出口到其他国家，包括罗马尼亚、匈牙利、意大利、西班牙、芬兰等国。在一些国家，四号坦克一直服役到1967年。

四号坦克侧面

“抛锚”的四号坦克

八号“鼠”式超重型坦克

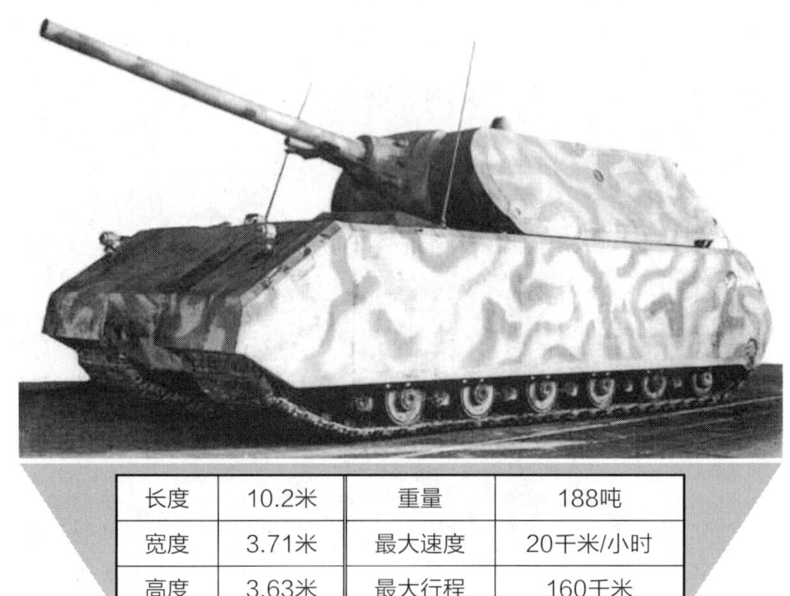

长度	10.2米	重量	188吨
宽度	3.71米	最大速度	20千米/小时
高度	3.63米	最大行程	160千米

八号“鼠”式超重型坦克（Panzerkampfwagen Ⅷ Maus）是德国在二战期间所设计的重型坦克之一，一共有两辆原型车问世。

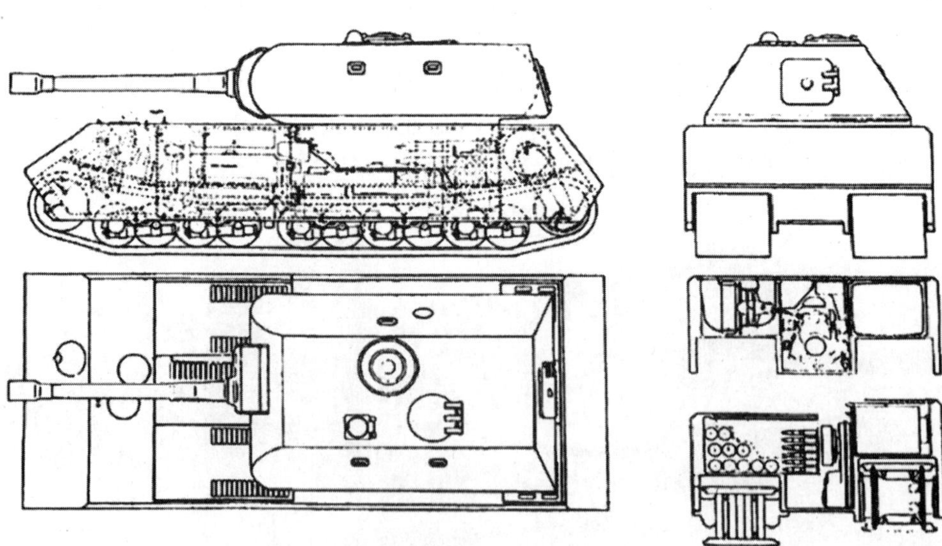

八号“鼠”式超重型坦克示意图

研制背景

保存至今的八号“鼠”式超重型坦克

自1941年起，德军就开始寻求超重型坦克，并积累了许多设计经验和技术。1942年3月，德军给保时捷汽车公司下达了一项任务，内容就是运用现有的经验和技术设计一款100吨以上的超重型坦克。同年4月，保时捷汽车公司邀请克鲁伯军械公司共同参与超重型坦克的设计，并成功地推出了八号“鼠”式超重型坦克。

被盟军摧毁的八号“鼠”式超重型坦克

作战性能

重量能够达188吨，表示八号“鼠”式超重型坦克的装甲相当厚实，车体前方35度倾斜装甲厚达220毫米。该坦克的主要武器为1门128毫米KwK44 L/55大炮、75毫米KwK44 L/36.5同轴副炮。发动机在运转时会发出低频音源，能引起环境中相符介质的共振，不过，八号“鼠”式超重型坦克的发动机能够有效抑制己身的音源信号传递而达到一定隐身的效果。

休息中的八号“鼠”式超重型坦克

德军士兵正在修理八号“鼠”式超重型坦克

实战表现

苏德战场上，由于德军节节败退，希特勒非常狂热地要求将“鼠”式超重型坦克投入战斗。但是，由于该坦克的主炮128L/71并不完善，投入战斗的效果并不理想，所以保时捷汽车公司一方面将“猎虎”重型坦克歼击车上的128L/55主炮稍做改装，演变成“鼠”式超重型坦克的“临时工”主炮；另一方面也在着手完善128L/55主炮，最终于1945年成功，并投入生产。自此，“鼠”式超重型坦克才真正成型。但可惜的是，此时德军已没有多少时间让这款先进的坦克进行量产，并批量装备部队。

陷入泥地中的八号“鼠”式超重型坦克

四号“家具车”式防空坦克

长度	5.92米	重量	24吨
宽度	2.95米	最大速度	38千米/小时
高度	2.73米	最大行程	200千米

四号“家具车”式防空坦克（Flakpanzer Ⅳ Möbelwagen）是德国二战中使用的一款防空坦克，由于它的独特方形炮塔，所以得到了“家具车”的称号。

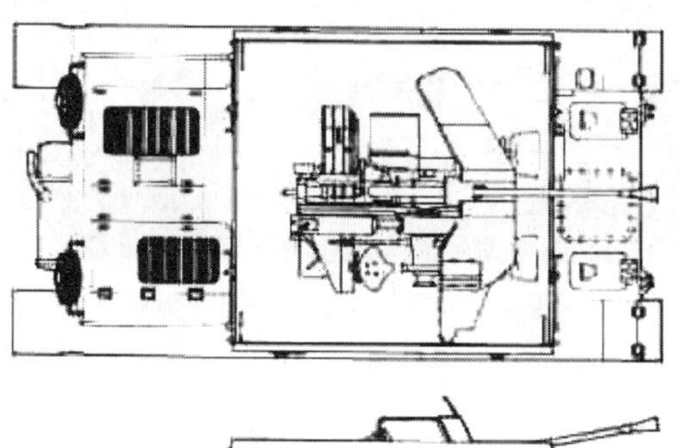

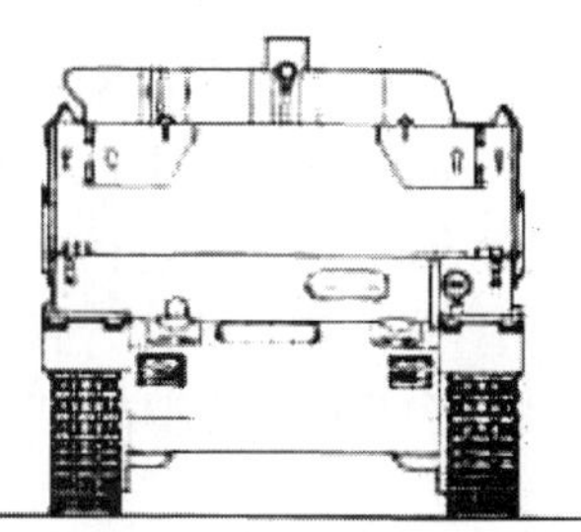

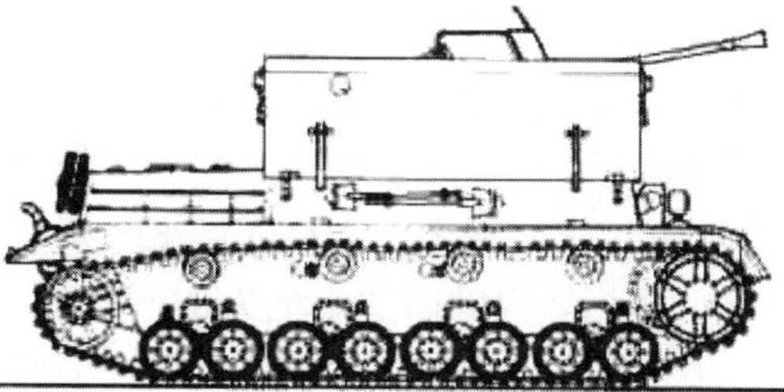

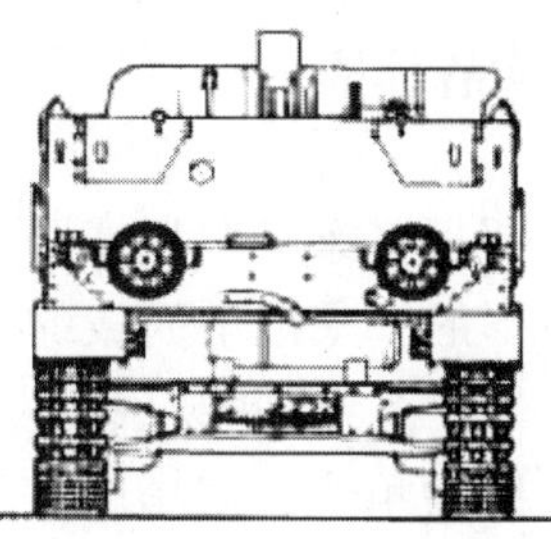

↑ 四号“家具车”式防空坦克示意图

研制背景

保存至今的四号“家具车”式防空坦克

二战中，德国坦克型号产量最多的莫过于四号中型坦克（接近1万辆）。一方面，这么庞大的坦克部队，如果用于多种作战模式，无疑是最完美的选择；另一方面，当时各参战国的空中武器——飞机，其火力也不容小觑，对德军构成了不小的威慑力。鉴于此，德军开始合理利用产量巨大的四号中型坦克，将其一部分打造成了四号“家具车”式防空坦克。

四号“家具车”式防空坦克侧面

作战性能

四号“家具车”式防空坦克是以四号中型坦克的底盘作为基础，配以一个方形的中空炮塔而成的。炮塔的四面装上了10毫米的装甲（后来替换成20毫米装甲），这些装甲可以随意地放下，让炮塔内的防空炮能360度旋转，以扩大射击角度。炮塔的装甲可以完全合上，以作保护炮塔内的乘员，但此时它的火力便不能完全发挥，只能做出小型火力的攻击。

战地中的四号“家具车”式防空坦克

实战表现

1944年，德军率先在陆军第9、第11及第116装甲师配备了“家具车”式防空坦克，并尽数送往西线战场抗击盟军。之后，第6、第19装甲师也分配一定的数量。在整场二战中，德军只生产了不足300架“家具车”式防空坦克。而一些后来研发的新式防空坦克，如“旋风”式及“东风”式性能更出众，因此，“家具车”式防空坦克很快被淘汰。

维护中的四号“家具车”式防空坦克

四号“旋风”式防空坦克

长度	5.89米	重量	22吨
宽度	2.88米	最大速度	40千米/小时
高度	2.76米	最大行程	200千米

四号“旋风”式防空坦克（Flakpanzer Ⅳ Wirbelwind）是二战后期德军以四号中型坦克底盘为基础研制出的，用于取代“家具车”式防空坦克。

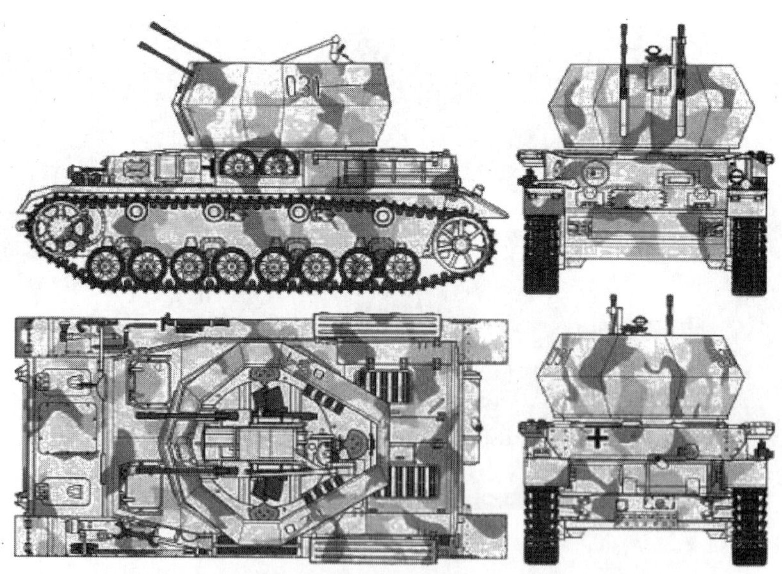

⬆ 四号“旋风”式防空坦克示意图

研制背景

⊕ 用树枝伪装后的四号“旋风”式防空坦克

在四号“家具车”式防空坦克被制造出来后不久，德军就开始研制更新型的防空坦克。原因有二：其一，“家具车”式防空坦克存在很多的设计漏洞，比如全火力射击时，缺乏对乘员的保护措施；其二，盟军的空中打击力量越来越强大，致使德军开始无力抗衡。为此，德军以四号中型坦克的底盘为基础，设计出了四号“旋风”式防空坦克。

⊕ 破损的四号“旋风”式防空坦克

作战性能

“旋风”式防空坦克是以拆去炮塔的四号中型坦克的底盘为基础，安装了开放式九角形炮塔，并装备了20毫米 Flak 43高射炮。其他方面和“家具车”式防空坦克相差无几。由于时间问题，“旋风”式防空坦克的产量并不大，另外，虽然该坦克的性能较“家具车”式防空坦克有所提升，但处于强弩之末的德军，无法单凭这一款防空坦克改变战局。

2.2 装甲车

RSO轻型装甲车

长度	4.42米	重量	5.5吨
宽度	1.99米	最大速度	17.2千米/小时
高度	2.53米	最大行程	300千米

RSO轻型装甲车（Raupen Schlepper Ost）是德国在二战时期使用的一款装甲武器，主要用于东部战线的物资搬运、火炮牵引等任务。

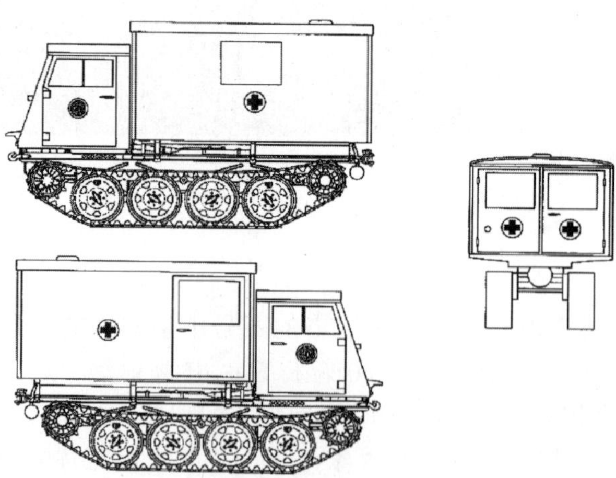

RSO轻型装甲车三视图

研制背景

1941年，受到冬季的影响，未修建好的马路一片泥泞，普通的轮式车辆行动极为不便，导致德国在打进苏联后，其装甲部队寸步难行。冬季结束后，为了不再发生类似的状况，德军委托奥地利史泰尔公司设计一款能在雪地、淤泥中行进自如的战车。最终，史泰尔公司带给德军的产品便是RSO轻型装甲车。

RSO轻型装甲车侧面

作战性能

RSO轻型装甲车相较于同类的其他战车来说，其重量较轻，而且配备了宽度极宽的履带，因此在苏联的泥泞大地上也可以行驶。虽然速度较低，却能在烂路之中将物资运抵前线。除了搬运物资之外，它也被运用于75毫米Pak 40反坦克炮、Nebelwerfer 41六管火箭发射器等的牵引。

牵引火炮中的RSO轻型装甲车

实战表现

在整个二战中，RSO轻型装甲车产量非常多，达28869辆，这在德国履带式车辆生产中是个空前绝后的纪录。由于数量众多，加上性能还算可以，因此在一些淤泥地带，RSO轻型装甲车能够有效地帮助德军部队渡过难关。值得一提的是，与这么大

RSO轻型装甲车编队

的生产量成反比的是，RSO轻型装甲车及其衍生车辆所留下的照片极其稀少，这主要是当时德国摄影师大多偏爱坦克、自行火炮等战斗车辆的缘故。

SdKfz 251半履带装甲车

长度	5.80米	重量	7.81吨
宽度	2.10米	最大速度	52千米/小时
高度	1.75米	最大行程	300千米

SdKfz 251半履带装甲车是根据二战德国早期装甲部队步兵与坦克协同战术设计和生产的通用性半履带车，共有超过20种子型号，全部生产量约15000辆，为德军在二战中使用的核心步兵战斗载具。

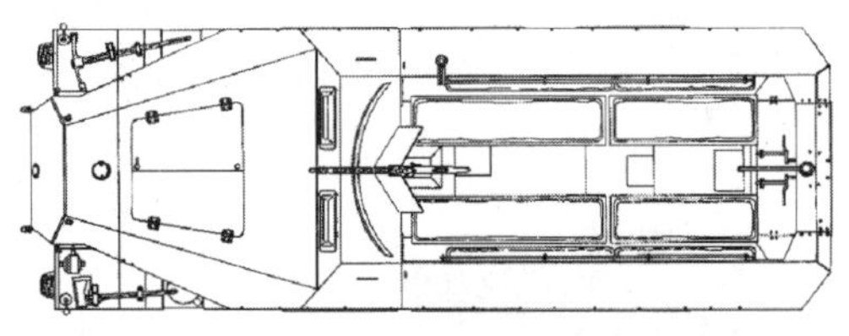

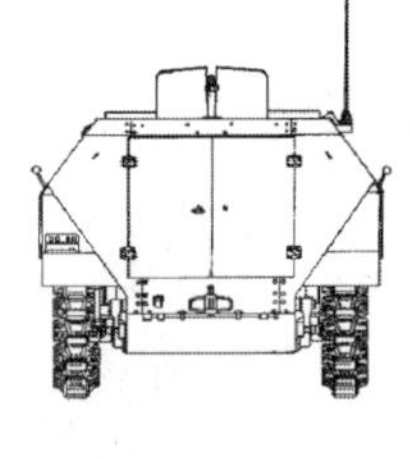

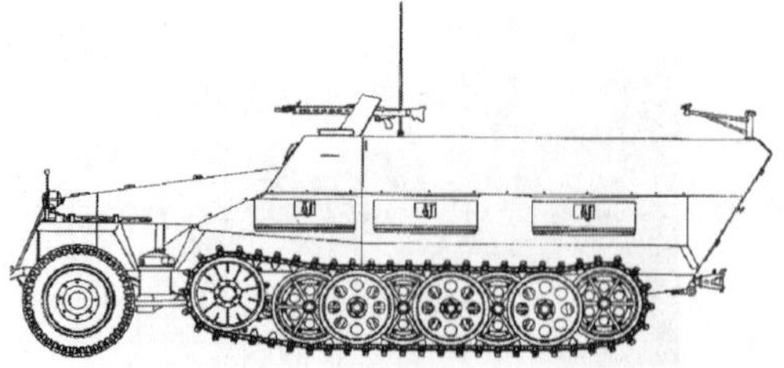

↑ SdKfz 251半履带装甲车示意图

研制背景

1939年，德军方面表示需要一种可搭载10人以上、自带有轻重火力和防护装甲的战车，以提高侦察部队的作战能力，保护步兵行进安全。为此，德军汉诺马格公司以3tHLKL6型半履带装甲车的底盘为基础，推出了一款全新SdKfz 251半履带装甲车。

早期进行测试的SdKfz 251半履带装甲车

作战性能

行驶中的SdKfz 251半履带装甲车

SdKfz 251半履带装甲车采用了当时不多见的半履带传送运动方式，以增加在恶劣地形下的越野能力，并能运载12名步兵。该车使用迈巴赫（Maybach）HL42TUKRM发动机，动力100马力，前方装甲14.5毫米、侧面8毫米、底盘6毫米。该车的半履带结构使维修和保养比较复杂，也大大增加了非战斗损耗，公路上的行进效果比不上轮式车辆，应对泥泞等复杂地形又不如坦克。其前轮不具备动力，也无刹车功能，只负责转向导向。

德军士兵在SdKfz 251半履带装甲车侧面挂载战地物资

实战表现

SdKfz 251半履带装甲车于1938年定型并投入试生产，用于取代其他装甲运兵车。它几乎参加了二战中后期所有重大战斗，并在基本型基础上生产了指挥车、喷火车、反坦克火炮车、通讯车、迫击炮车、火箭炮车等多种用途的改进型。在二战末期，为了提高生产产量，同时增加防护能力，SdKfz 251半履带装甲车采取外形简化的措施，并增加了侧面的杂物箱，同时取消了外装甲上不必要的开口。

一辆被波兰军队掳获的SdKfz 251半履带装甲车

SdKfz 251半履带装甲车编队

SdKfz 250半履带装甲车

长度	4.56米	重量	5.8吨
宽度	1.95米	最大速度	76千米/小时
高度	1.66米	最大行程	320千米

SdKfz 250半履带装甲车是德国二战初期所研发并采用的，分为旧型和简化型两种，其中旧型外形复杂，生产极耗工时，所以自1943年10月开始，简化型SdKfz 250半履带装甲车开始生产。

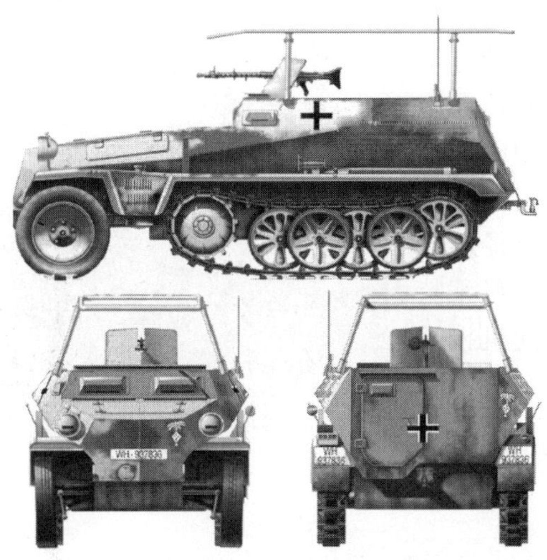

SdKfz 250半履带装甲车示意图

研制背景

1939年，在德军寻求新型装甲车的计划中，除了汉诺马格公司的SdKfz 251半履带装甲车之外，还有德马格公司的SdKfz 250半履带装甲车，但后者因为生产等各方面的原因，导致并没有在当年生产使用，直到1941年才开始大量生产。

性能测试中的SdKfz 250半履带装甲车

作战性能

SdKfz 250半履带装甲车是利用德马格公司车重仅1吨的D7型半履带式输送车底盘研制的，行动部分的前部是轮式，后部为履带

急速奔驰中的SdKfz 250半履带装甲车

式。履带部分占车辆全长的3/4，车体每侧有4个负重轮，比D7少1个，从而缩短了底盘的长度。主动轮在前，诱导轮在后，负重轮交错排列。履带是金属的，每条履带由38块带橡胶垫的履带板组成。该车和当时德国其他的半履带车辆一样，采用一种新的转向方法，即在公路上行驶时，只需操纵方向盘，利用前轮来转向；在需要做小半径转向或越野行驶时，则用科莱特拉克（CLetrac）转向机构来转向，最小转向半径为5米。

雪地战场上的SdKfz 250半履带装甲车

实战表现

战斗中的SdKfz 250半履带装甲车

SdKfz 250半履带装甲车装备德军部队后，立即参加1940年对法国的入侵，此后被广泛地使用在二战中的各个战场上，其中包括参加北非战场的战斗。该车下发德军装甲师和装甲步兵师的装甲侦察部队。通常装甲师每连28辆，装甲步兵师每连18辆。由于SdKfz 250半履带装甲车在当时算得上优秀，所以它的衍生型号多达14中，其中包括SdKfz 250/3无线通信车、SdKfz 250/4炮兵观察车、SdKfz 250/5炮兵侦察车和SdKfz 250/6弹药运输车等。

SdKfz 2半履带装甲车

长度	3米	重量	1.56吨
宽度	1米	最大速度	70千米/小时
高度	1.2米	最大行程	670千米

SdKfz 2半履带装甲车是德国二战期间广泛使用的一款车辆，外形类似摩托车，可空降，主要用于火炮牵引，并可装载一定的人员。

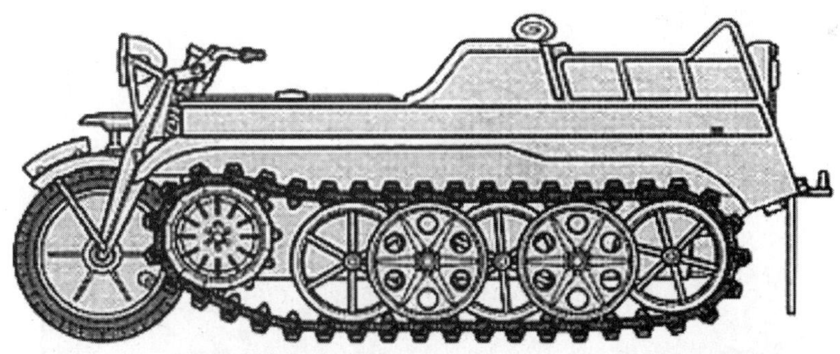

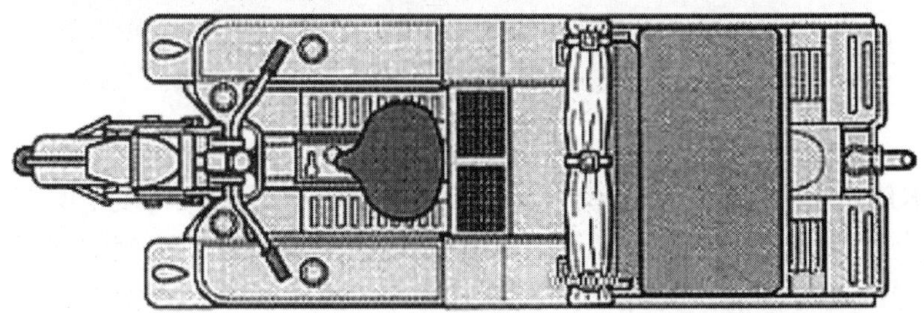

⬆ SdKfz 2半履带装甲车示意图

研制背景

性能测试中的SdKfz 2半履带装甲车

德军士兵与SdKfz 2半履带装甲车

20世纪30年代，因战场的需要，德军对半履带式车辆情有独钟，先后研制出1吨、3吨、8吨、12吨、18吨、24吨等多种型号，并以HK系列命名。这些车辆在一些小型局部冲突中得到验证，不论是机动性能，还是越野性能都较出众。二战爆发后，由于当时一些火炮较重，且使用大型的半履带装甲车牵引又太“小题大做”，为此，德军希望装备一款小型的半履带装甲车。1940年，德军兵器局第6科围绕军方的要求，推出了SdKfz 2半履带装甲车。

作战性能

执行牵引任务中的SdKfz 2半履带装甲车

SdKfz 2半履带装甲车体积小，在战场上有着极好的灵巧度；其半履带设计，较全履带或者全橡皮轮胎而言，在有效地提高了行驶速度的同时，也保留了一定的越野性能。另外，由于该车轻巧，因此非常适合空投，这大大增强了当时德军空降部队的地面战斗力。

实战表现

第一辆SdKfz 2半履带装甲车于1941年6月5日正式装备德军，1942年共生产了985辆；1943年生产了2450辆；1944年生产了4490辆。研制之初的代号为Kfz.620，其后在实战上受到广大的好评，尤其受到德国的"绿色恶魔"伞兵的欢迎，这是因其需携带一些较重的装备，而SdKfz 2半履带装甲车可充当牵引用具。在德军山地部队里也往往看得到该车，甚至也有部分的车辆转用为拖行各型的飞机。

⊙ 战地中的SdKfz 2半履带装甲车

第3章 风暴烈焰——火炮

火炮，作为一种大面积、远程杀伤武器，起到为己方前线提供火力支援、摧毁敌方重要工事的作用。火炮在二战中同坦克一样，都是各国军备竞赛中的主要竞争对象。二战期间，德军的火炮种类繁多，有优秀的，也有劣质的，不论是哪种，可以肯定的是它们都大大增强了德军火力。下面将带您走近德国二战火炮，亲临尘土四溅的烈焰战地。

GrW 34迫击炮

口径	81.4毫米	操作人数	2人
全长	1.143米	最大射速	15～25发/分
重量	62千克	最大射程	2.4千米

GrW 34是由莱茵金属公司负责设计的一种迫击炮，是纳粹德国陆军在二战期间使用的重要武器之一。GrW 34迫击炮的设计过程从1922年一直延伸到1933年，设计过程中参考了法国生产的81.4毫米迫击炮。它的生产过程从1933年一直进行到1945年，可以发射3.5千克重的高爆榴弹或是烟雾弹。

GrW 34迫击炮的射速和射程都颇为优秀，在训练有素的士兵手中可以发挥出更大的威力。在单兵携带时，这种迫击炮可以分解为炮筒、底座和支架三个部分。正常情况下的射程约为1千米，给炮弹加装了3组额外的发射药后可使其射程提升至2.4千米。

GrW 42迫击炮

口径	81.4毫米	操作人数	3人
全长	0.747米	最大射速	15～25发/分
重量	26.5千克	最大射程	1.1千米

GrW 42是纳粹德国在二战中使用的一种前装式滑膛迫击炮，是GrW 34型81毫米迫击炮使用短炮筒后的轻量化版本，最初计划是供伞兵使用的。由于50毫米口径的LeGrW 36型50毫米迫击炮射程太近，此款迫击炮也常被用来作为替换武器。GrW 42迫击炮发射的炮弹重量是前者的3.5倍，射程则为2倍，迫击炮的重量则不到前者2倍，同时还可分解为三个部分携带。

Pak 36反坦克炮

操作人数	2人	口径	37毫米
炮管长	1.66米	发射速率	13发/分
总重	0.45吨	最大射程	5484米

Pak 36反坦克炮示意图

Pak 36是德国使用的一款反坦克炮，二战初期曾一度是德军的主要反坦克武器，之后被Pak 38反坦克炮所取代。

研制背景

20世纪20年代初期，德国莱茵金属公司设计一种用马匹牵引的反坦克炮——Pak L/45，采用木制轮子，于1928年正式投入战场。进入30年代，Pak L/45马拉式火炮明显落后，至少在行进速度方面比较慢。因此，莱茵金属公司以Pak L/45为蓝本，用镁合金车轮和充气轮胎代替原来的木轮，形成一种可以用机动车辆牵引的火炮，即Pak 36反坦克炮。

德军使用Pak 36反坦克炮进行战斗

作战性能

除了可用车辆牵引之外，Pak 36反坦克炮还可以安装于坦克上，其中较著名的是三号中型坦克。苏德战争爆发一段时间后，由于苏联坦克防御加强，例如T-34坦克等，Pak 36反坦克炮的杀伤力已经起不到作用，所以于

1940年开始由Pak 38所取代。在这期间，Pak 36反坦克炮则额外配给含钨的炮弹，以加强其穿甲能力。这种做法虽然依然不能对抗T-34坦克，但在1942年前仍是不少部队的标准反坦克武器。

德军士兵在推移Pak 36反坦克炮

实战表现

二战初期，虽然Pak 36反坦克炮对一些重型坦克几乎是“攻击无效”，但对于一些轻/中型坦克还是有一定威胁力的，例如法国战役中的“雷诺”FT-17坦克，及“巴巴罗萨”行动中的T-26坦克。当Pak 38取代Pak 36后，很多德军把后者从牵引轮上拆除，再装至SdKfz251半履带装甲车上，作为一轻型反坦克武器。另外，德军还将拆下来的Pak 36送给罗马尼亚第三及第四军团，作为“天王星行动”中的补给。

埋伏在路边的Pak 36反坦克炮小组

Pak 38反坦克炮

操作人数	5人	口径	50毫米
炮管长	3米	发射速率	13发/分
总重	0.7吨	最大射程	9400米

Pak 38反坦克炮是Pak 36的后续版本，虽然并没有被投入任何在西线的战斗，但是参加了“巴巴罗萨”行动（1941年6月22日～1942年1月7日，德国在二战中发起的侵苏战争）。

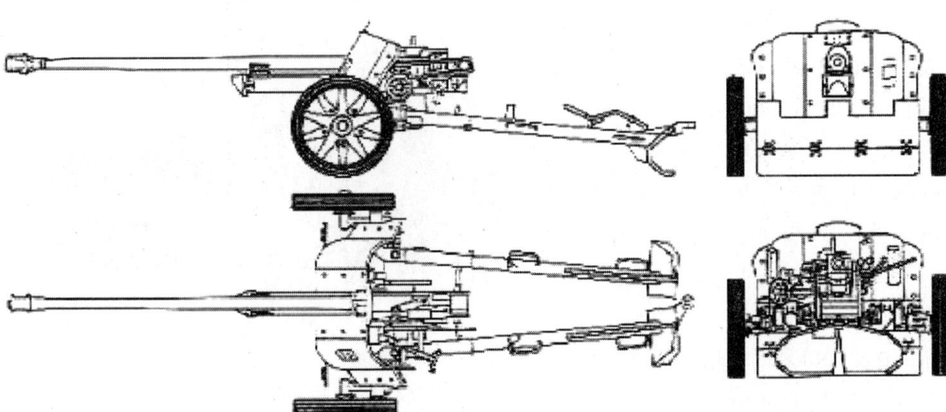

Pak 38反坦克炮示意图

研制背景

德军士兵与Pak 38反坦克炮

在Pak 36反坦克炮服役后不久，德军就意识到它的杀伤力有限，无法胜任前线反坦克任务。所以，20世纪30年代末期，德军要求莱茵金属公司重新设计一款反坦克武器，以弥补当时的火力空缺。之后，莱茵金属公司以Pak 36反坦克炮为基础，推出了Pak 38反坦克炮，于1940年下半年正式投入量产，并批量装备部队。

保存至今的Pak 38反坦克炮

作战性能

Pak 38反坦克炮可以大体看成是Pak 36的按比例放大版本，倍径增加到了60倍，高低射界为负8度到正27度，发射2.25千克钢制装甲弹时，可以击穿500米外78毫米厚垂直钢板；使用钨合金穿甲弹时，最大射程2700米，可击穿500米处120毫米垂直钢板。另外，Pak 38反坦克炮非常轻便，裸炮的重量只有700千克，加上支架不到1吨。

由RSO轻型装甲车牵引的Pak 38反坦克炮

Pak 38反坦克炮特写

实战表现

Pak 38反坦克炮最开始由德国的德意志国防军陆军于1941年4月使用。1941年，在侵苏战斗中，它是少有的几种能够击穿T-34坦克的火炮之一。它还配备了拥有坚硬的钨心的AP40（Panzergranate 40）钨芯穿甲弹，甚至有机会击穿KV-1重型坦克。尽管Pak 38反坦克炮之后被更加强力的武器所取代，但仍然被使用到战争结束。

战斗中的Pak 38反坦克炮

在乡村作战的Pak 38反坦克炮

Pak 40反坦克炮

口径	75毫米	炮口初速	750米/秒
全长	6.2米	最大射速	14发/分
重量	1425千克	最大射程	7.678千米

Pak 40反坦克炮是纳粹德国设计的一种口径为75毫米的火炮，后来成为德军反坦克炮主力。

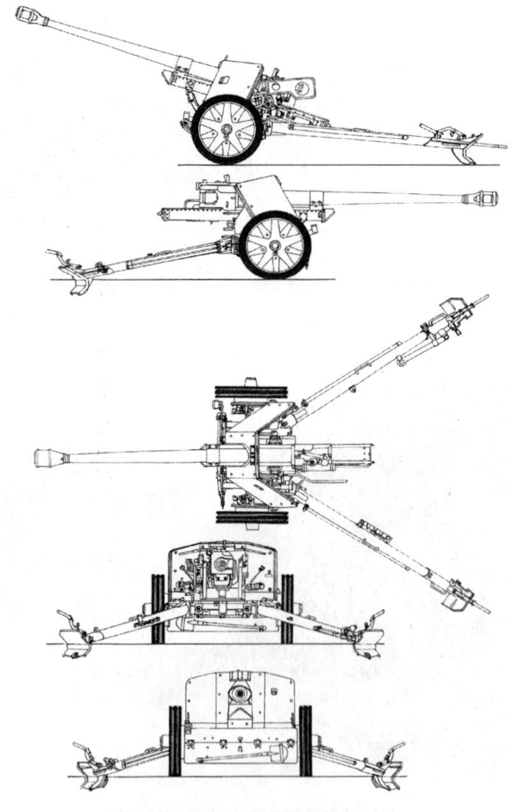

⊕ Pak 40反坦克炮结构图

研制背景

⊕ 在东线战场上的Pak 40反坦克炮

1939年，德国陆军就已与克鲁伯公司和莱茵金属公司分别签订了制造Pak 40反坦克炮的合同，但由于忙于其他任务，一直到苏德战争爆发，这两家公司都还没有为这种火炮做好生产准备，但之后的在1941年的“巴巴罗萨”行动和突然出现如T-34及KV-1等的苏联重装甲坦克，让这项目的优先级提高。第一门原型炮最终于1941年11月到达战场。

⊕ 芬兰军队的Pak 40反坦克炮

作战性能

Pak 40反坦克炮结构简单、易于掌握。在1000米距离上，着角为30度时，Pak 40可以有穿透94毫米装甲的穿甲威力。由于预期的轻合金短缺，Pak 40的设计主要材料是钢，挡板则由铁板制成。

⊕ Pak 40反坦克炮侧方视角

Pak 43反坦克炮

口径	88毫米	炮口初速	1000米/秒
全长	6.4米	最大射速	20～25发/分
重量	4380千克	最大射程	16千米

Pak 43是二战中由克鲁伯公司以莱茵金属的88毫米Flak 41为蓝本而开发的一门纳粹德国的反坦克炮。

Pak 43反坦克炮3D图

研制背景

Pak 43是德意志国防军中具有可观数量且威力强大的一门炮，是“虎”Ⅱ坦克、“象”式驱逐战车、“猎豹”驱逐战车和“犀牛”驱逐战车的主炮。即使是二战中装甲最厚的盟军战车IS系列战车及驱逐战车，在Pak 43面前也是非常脆弱的。

东线战场上的Pak 43反坦克炮

作战性能

Pak 43反坦克炮后方视角

Pak 43反坦克炮的主要版本是装在一个具有高效、可以进行360度旋转及拥有比88毫米Flak 37防空炮要小的轮廓的十字形支架上，为了简化生产，一些Pak 43被安装在由105毫米Le FH 18榴弹炮而来的分离牵引式载具上，成为了一个名为Pak 43/41的版本。此版本增强了在东线战场上恶劣地形的适应性，尽管如此，Pak 43/41证明了它和早期的Pak 43具有相近的性能。

Pak 43反坦克炮侧方视角

Pak 44反坦克炮

操作人数	3人	口径	128毫米
炮管长	7.023米	炮口初速	935米/秒
总重	11吨	最大射程	24410米

Pak 44反坦克炮是德国二战期间所使用的一款大威力火炮，口径达128毫米，在近距离上，它和下述88毫米高射炮的成绩差不多，但在远距离上有更强的穿甲能力。

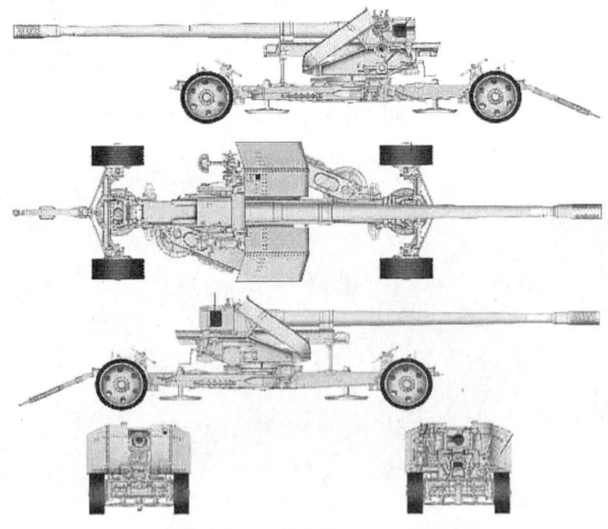

Pak 44反坦克炮示意图

研制背景

1943年，德军一方面对苏联的厚装坦克无力，一方面还要遭遇苏联大口径火炮攻击。于是，德军提出了新式武器的要求，主要包括两点：第一是该武器的威力不能小于苏联的；第二是集野战和反坦克两种功能于一体。之后，德国莱茵金属公司和克虏伯公司参与了这种武器的招标，最终后者获胜，而它的产品正是Pak 44反坦克炮。

二战时期装备德军的Pak 44反坦克炮

作战性能

Pak 44反坦克炮特写

最初的Pak 44反坦克炮在1944年年末投入了试验，结果是，作为牵引式火炮，它的设计非常不切实际，因为它过于笨重。之后，克虏伯公司不得不重新设计，取消了牵引式承载的结构，选择以装甲车底盘为移动载具。在实战中，Pak 44反坦克炮使用脱帽穿甲弹，能在1000米距离内穿透近200毫米的装甲，在2000米的距离上也能击穿148毫米的钢制装甲。

实战表现

安装在坦克底盘上的Pak 44反坦克炮

二战末期，大约有50门Pak 44反坦克炮安装在德国现有的装甲车辆底盘上。虽然Pak 44反坦克炮本身的杀伤力很强，但是火炮加装甲车底盘的组合并不完善，且重量过大，导致这些由牵引火炮转变的自行火炮很难实施战术。不过，由它和三号中型坦克底盘组合成的“猎虎”式自行火炮非常强劲。

Flak 40式高射炮

操作人数	3人	口径	128毫米
全长	7.8米	炮口初速	880米/秒
总重	12吨	最大射程	14800米

⊕ Flak 40式高射炮示意图

Flak 40式高射炮是德国二战期间所使用的一款火炮，主要用于防空任务，虽然没有量产，但在当时是性能最优秀的火炮之一。

研制背景

⊕ 在战地装配好的Flak 40式高射炮

Flak 40式高射炮于1936年由莱茵金属公司开始设计。第一门火炮在1937年年末投入测试，并且成功地通过了测试。值得注意的是，同Pak 44反坦克炮一样，作为牵引式火炮，Flak 40式高射炮太重，达12吨。因此，它的运载方式与普通的牵引式火炮有所不同。一般在运载Flak 40式高射炮之前，要将其分拆成几大部件，然后分别运往到指定地点，接着再组装、固定，才能形成有战斗力的防空武器。

作战性能

Flak 40式高射炮发射一种27.9千克的炮弹，有880米/秒的初速度，以及远达14800米的最大射高。相比其他同类型、不同口径的火炮而言，Flak 40式高射炮拥有加大的杀伤力，其口径达128毫米。这使得该火炮不仅火力强劲，而且在攻击移动目标时更容易。

Flak 40式高射炮后方特写

实战表现

Flak 40式高射炮于1942年投入生产，它主要用于定点空中防御。在实际应用中，Flak 40式高射炮衍生出了多种型号，其中双联装等型号被安装在柏林、汉堡、维也纳的高射炮塔中。另外，大约有200门被安装在了有轨车上，让其拥有了一些机动性。

战地中的Flak 40式高射炮与其炮弹

88毫米高射炮

操作人数	9人	口径	88毫米
炮管长	4.9米	发射速率	15～20发/分
总重	7.4吨	最大射程	14500米

88毫米高射炮被公认是德国二战中最强火炮之一，有多种型号，其中包括Flak 18、Flak 36、Flak 37和Flak 41。战争期间，不少坦克的主炮都是使用它的改进版，例如“虎”式重型坦克。

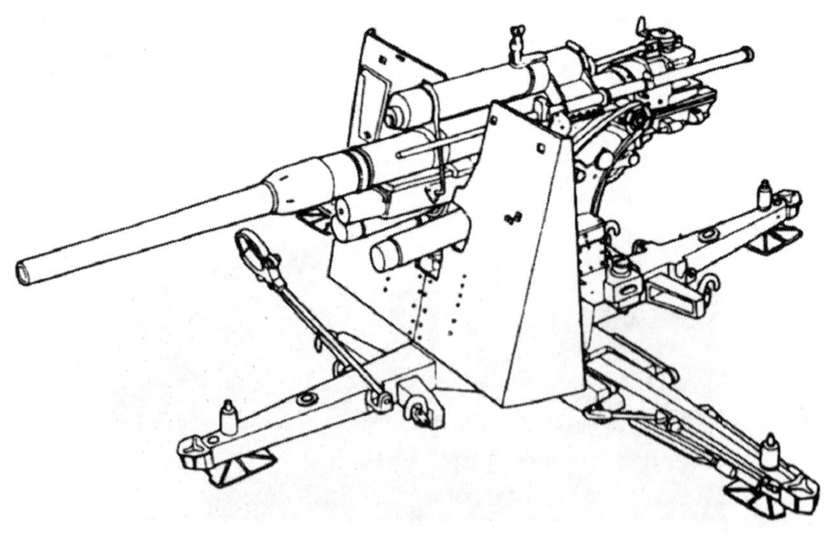

⬆ 88毫米高射炮示意图

研制背景

待命中的88毫米高射炮

德军士兵与88毫米高射炮

一战结束后，随着科技技术的提升，军用飞机的飞行高度、速度等性能大幅度上升，以至于旧时代的火炮无法对其构成威胁。在这一背景下，德国军方决定设计一款新型火炮，用于防空。该任务由克虏伯公司担当。当时，由于受《凡尔赛条约》的限制，德国不能制造大型武器，所以克虏伯公司决定与瑞典的波佛斯公司共同研制这种新武器。而他们的成果便是88毫米高射炮。值得一提的是，88毫米高射炮的最初设计为75毫米口径，但在军方的要求下被改为88毫米，以适应射程、威力等各种更高的要求。

作战性能

88毫米高射炮战斗群

一架被德军抛弃的88毫米高射炮

88毫米高射炮在二战中闻名并不是只因为它的防空性能，而是由于它的多用途性，尤其是反坦克能力。由于设计思想超前，直到战争结束也并不显落后。20世纪40年代，当德国攻打苏联时，面对T-34等坦克时，德国陆军主力Pak 36反坦克炮几乎无法从正面贯穿它们的装甲，而88毫米高射炮正好弥补了这一空缺，同时也带动二战后期各种反坦克火炮的设计。

实战表现

1940年5月，德军指挥官隆美尔指挥的第7坦克师向法国的敦刻尔克挺进，中途遭遇到了英军一批重型坦克的反击。面对英军的坦克，德军的Pak 36反坦克炮束手无策。就在这个时候，88毫米高射炮的炮口对准英军坦克，展开了猛烈的还击。结果，英军的9辆坦克被瞬间击毁，不得不立即撤退。此役后，不少德军高官认为，88毫米高射炮将会成为德军一张得心应手的反坦克王牌，但事实上并不是这样。

战地中的88毫米高射炮

德军士兵正在为88毫米高射炮填充弹药

LeFH 18榴弹炮

口径	105毫米	操作人数	6人
全长	2.94米	最大射速	6～8发/分
重量	1985千克	最大射程	10675千米

LeFH 18榴弹炮是德国在二战中使用的轻型榴弹炮。

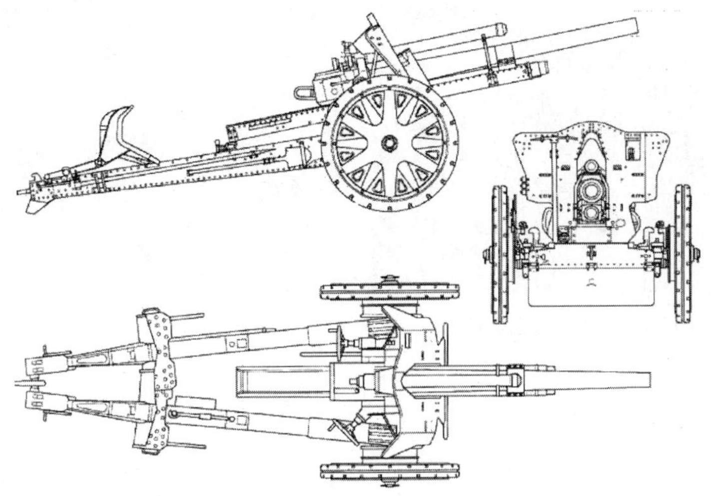

Ⓐ LeFH 18榴弹炮结构图

研制背景

LeFH 18榴弹炮设计于1918年，在1929年正式生产并进入德军中服役，作为德国国防军的标准制式火炮伴随德军走完二战的全过程，直到1945年二战结束。1940～1945年间，德国总共生产了20000门105毫米LeFH 18榴弹炮。

Ⓐ LeFH 18榴弹炮侧前方视角

作战性能

LeFH 18的炮膛机构简单但沉重，配备有液气压缓冲系统。最初并没有配备炮口制退器，直到1941年装了炮口制退器后，每发火炮可装填更远射程所需的火药量。

LeFH 18榴弹炮性能优秀，可以进行远距离曲射压制射击，还能灵活调整火炮弹道，在近距离具有反坦克炮的直射弹道特性，能进行直瞄射击，深受德军官兵喜爱。 LeFH 18是典型的德国武器，重量轻，并且可以使用各种类型的炮弹。

LeFH 18榴弹炮后方视角

LeFH 18榴弹炮炮口特写

实战表现

二战爆发时已经有2500门LeFH 18榴弹炮在德军中服役，1939年二战开始后，这种榴弹炮开始了其在欧战的战斗历程，在战争中使用于各个战场。

德国士兵在使用LeFH 18榴弹炮

SFH 18榴弹炮

操作人数	3人	口径	150毫米
炮管长	4.5米	炮口初速	515米/秒
总重	5.53吨	最大射程	15100米

SFH 18榴弹炮是德国在二战中的主力重型榴弹炮，每个步兵师皆配置了12门作为重火力支援，在战争结束停产前，它总共生产了5403门。

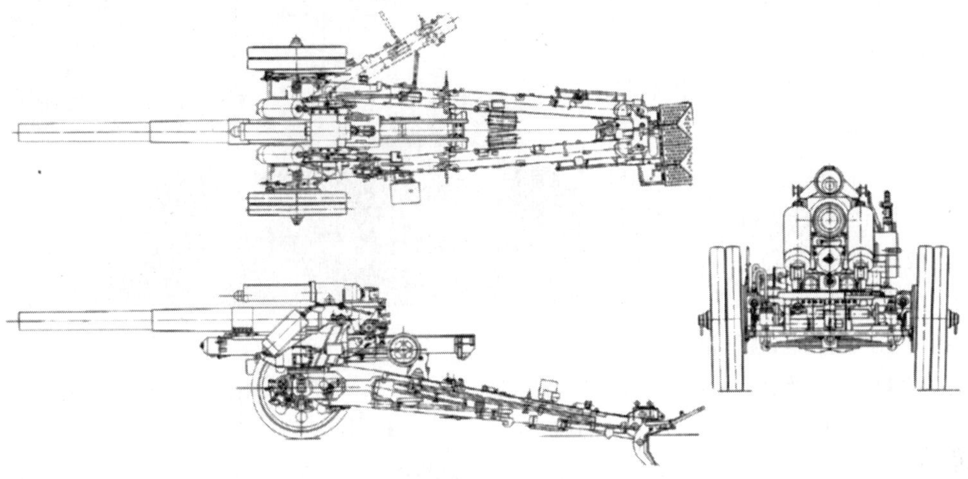

SFH 18榴弹炮示意图

研制背景

SFH 18榴弹炮

隐藏在森林中的SFH 18榴弹炮

SFH 13榴弹炮是德国于一战时所使用的一款火炮，由于性能比较好，所以在一战结束后，德国想再打造此类型武器，而《凡尔赛条约》使得德国不能实现这一愿望。不过，俗话说"道高一尺，魔高一丈"，为躲避国际监视，德国采用了多公司分散研制。最终，在克虏伯、莱茵金属等公司的秘密合作下，研制出了一款比SFH 13榴弹炮更强劲的火炮，即SFH 18榴弹炮。该火炮于1935年开始在德国国防军服役，随后在希特勒扩军政策下量产，成为二战前德国的陆上重火力支援装备，直至二战结束。

作战性能

发射炮弹中的SFH 18榴弹炮

德国在二战中大量采用SFH 18榴弹炮，它与其他国的主力榴弹炮相比不算优秀。例如苏联主力榴弹炮A-19式最大射程可达20000米，这让SFH 18榴弹炮望尘莫及，面对它德军只能“干瞪眼”。鉴于此，为了增长SFH 18榴弹炮的射程，德国在1941年设计出火箭推进榴弹，并配发至前线。这使得SFH 18成为世界上第一款使用火箭推进榴弹的榴弹炮。不过，使用火箭推进榴弹虽然可以增加数千米的射程，但一来程序烦琐，二来准确率不高，因此很快便退出一线作战。

实战表现

德军士兵与SFH 18榴弹炮

二战期间，由于德国自身机械化能量不足，不可能让火炮通通使用装甲车牵引，因此真正上战场的SFH 18榴弹炮不少还是马匹牵引，这样一来，速度无法追上真正的机械化部队。之后，为改变现况，德国一方面开始减轻SFH 18榴弹炮的重量，以期马匹牵引时速度快一点；另一方面也在重新设计炮架，以便能用小型装甲车进行牵引，但是由于成本高等原因，德国不得不放弃这一措施。之后，德国将SFH 18榴弹炮与坦克底盘结合，开始组装自行火炮。战后，大量SFH 18榴弹炮作为战利品服役于阿尔巴尼亚、保加利亚与捷克陆军中。

SFH 18榴弹炮战斗群

SIG 33步兵炮

口径	150毫米	操作人数	7人
全长	4.42米	最大射速	2～3发/分
重量	1800千克	最大射程	4.7千米

SIG 33是纳粹德国在二战时期的步兵支援火炮，是纳粹德军步兵使用的大口径支援火器，主要用于压制据点。

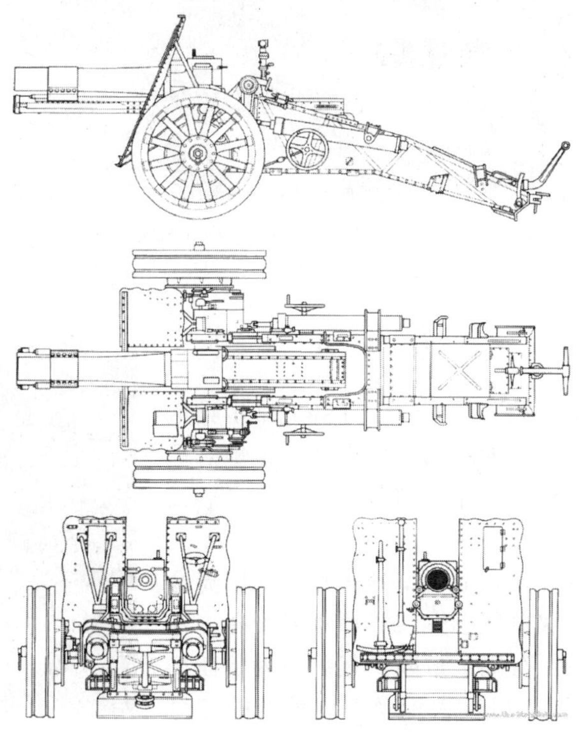

⇧ SIG 33步兵炮结构图

研制背景

士兵正在使用SIG 33步兵炮

SIG 33步兵炮的开发始于1926年，由莱茵金属公司在杜塞尔多夫工厂所设计，火炮并没有采用机械化拖曳设计，而是由6匹马拖运。量产由黑尼格斯多夫工厂与捷克斯特拉科尼采的斯科达公司负责，炮管寿命为1万发至1.5万发之间。在二战爆发前受限于军队规模，SIG 33步兵炮大约生产了410门，直到战争爆发后才逐步增产，到德国投降前在德国步兵单位中占有一席之地。

一号坦克上的SIG 33步兵炮

作战性能

SIG 33步兵炮侧面特写

标准的德军步兵营会配发2门SIG 33步兵炮作为攻坚火力，由于为步兵单位设计，该炮射程较短，为了应付机械化作战节奏等需求，之后又出现了车装版本。

首次以车载方式装上SIG 33步兵炮的坦克是一号坦克，但很快发现车辆装载后难以平衡，发射时的后坐力甚至有翻车危险，其后改为装在二号坦克、“蟋蟀”式自行火炮及退出前线的三号坦克上。

“古斯塔夫”超重型铁道炮

操作人数	250人	口径	800毫米
炮管长	32.48米	发射速率	14发/天
总重	1350吨	最大射程	48000米

“古斯塔夫”（Gustav）是德国二战期间所使用的一款超重型铁道炮，口径达800毫米，主要是为前线部队提供曲射支援火力，击毁当时仍然为各国陆军视为防御主干的大型要塞与巨型碉堡。

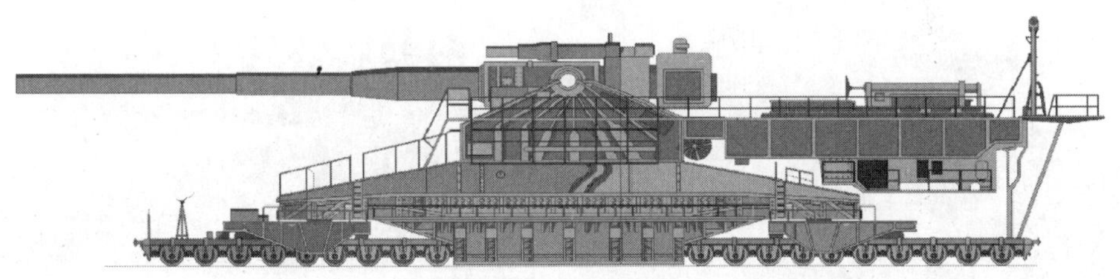

↑“古斯塔夫”超重型铁道炮示意图

研制背景

20世纪30年代，德军为了给前线部队提供曲线支援火力，以击毁大型要塞与巨型碉堡，向位于德国埃森的克虏伯公司下达了一项重要任务，其核心内容是研发一款“超级火炮”，对该火炮的要求是：一炮就能打穿7米厚的混凝土掩体，或者1米厚的钢板，然后还要从敌人炮兵无法还击的距离外进行

↑“古斯塔夫”超重型铁道炮炮筒特写

发射。克虏伯公司在计算后发现，如果要达到这个目标，光是炮弹就要重达7吨，炮管长度至少要30米，整个设备就要上千吨重；如果还要它具备机动性，就需要将整体重量分摊在两组铁轨上。经过一段时间的钻研后，克虏伯公司设计出了“古斯塔夫”铁道炮。不过，像这种在当时被认为是费力不讨好的武器，并没有得到相应的重视，虽然克虏伯公司的设计非常成功。于是，制造“古斯塔夫”铁道炮的计划如石沉大海，被人们遗忘。

1936年，笃信“体积大就强劲”的希特勒在视察克虏伯公司时又提起“超级火炮”话题，这让制造“古斯塔夫”铁道炮的计划重起炉灶。第一座炮的组装从1937年夏天开始，但是巨大的组件本来就有制造上的困难，加上一边生产一边组装，直到1940年也没有一座被完整地制造出来。

↑建造中的“古斯塔夫”超重型铁道炮

↑德军士兵与“古斯塔夫”超重型铁道炮合影

1941年，在众多工程师、装配工的努力下，第一座“古斯塔夫”铁道炮制造出来了。之后希特勒还亲自参与了它的试射。试射的结果让希特勒大悦，允许该炮进行投产。在希特勒的支持下，德军还为“古斯塔夫”铁道炮特意重组了已经“解散”的第672重炮兵E组。之后，“古斯塔夫”铁道炮开始了它的征战生涯。

作战性能

“古斯塔夫”超重型铁道炮通常可发射2种炮弹。第1种为“高爆弹”，它重4.8吨，弹头初速820米/秒，最大射程48000米。另一种是“复合穿甲弹”，它弹体长度3.6米，弹体重量7.1吨，以最大仰角配合特殊装药可击穿7米厚的混凝土（实战中的发射仰角往往比试射时的仰角大）。

↑“古斯塔夫”超重型铁道炮正在调整炮口的角度

实战表现

1942年，重组后的第672重炮兵E组随着“打包”好的“古斯塔夫”铁道炮参与了塞瓦斯托波尔围城战（1941～1942年，二战中德国与苏联在黑海上发生的战役）。德军在此次战役中一共倾倒了30000吨的弹药，而“古斯塔夫”铁道炮足足发射了48发炮弹，刚好把膛线全部磨光。之后，德军开始转移阵地，同时“古斯塔夫”铁道炮被送回原厂复刻膛线，顺便换上备份的炮管，接着它就要进行下一场“狂轰滥炸”。至1945年年初，德军使用“古斯塔夫”铁道炮取得了不错的“搏斗”成绩，无数士兵和平民成为它的“炮下魂”。然而，五花八门的武器并没能让德国走向胜利，垂死挣扎的德军为了避免“古斯塔夫”铁道炮落入盟军之手，自行将其摧毁。

↑战斗中的“古斯塔夫”超重型铁道炮

3.2 自行式火炮

“卡尔”臼炮

操作人数	16人	口径	600/540毫米
炮管长	4.2米	发射速率	2发/分
总重	124吨	最大射程	6500米

“卡尔”（Karl）是二战中最出名的德军臼炮，是战争历史上所建造的最大口径的重型臼炮，600毫米巨大口径和短身管猪鼻式炮管成为其典型特征。该炮共造7座。

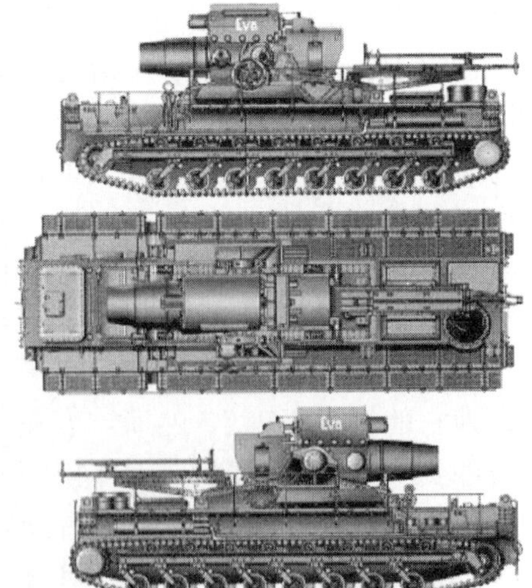

㊤“卡尔”臼炮示意图

研制背景

德军士兵与“卡尔”臼炮

一战结束后，为避免被侵入，法国修建了当时最坚固的马奇诺防线，希望以金汤雷池迟滞与阻遏德国可能的侵略方向。德国方面，希特勒掌权后开始扩充军队、打造各式武器装备。当时，各国陆军仍然以防护力强大的要塞作为战略据点，尤其是马奇诺防线。为了能够用火炮击穿并且摧毁马奇诺要塞的堡垒，希特勒下令实施研制一连串超重型的火炮计划，其中就包括“卡尔”臼炮。

装配中的“卡尔”臼炮

作战性能

“卡尔”臼炮总重124吨，可借自身履带进行短距离移动，由于马力不是这座炮的最大考量，因此就算消耗了极大量的燃油，车体仅能达到每小时10千米的速度。如果它需要长距离移动，则必须依赖火车运输。“卡尔”臼炮在运输时不需要先进行分解，但必须借用两座庞大的转向架将全车放到板车上。

吊装坦克在为“卡尔”臼炮填充弹药

"卡尔"臼炮炮口特写

"卡尔"臼炮一共需要16个人来操作，装弹前要先将炮管放平进行填装；炮管最大仰角为70度，左右回旋角各2.5度。这不代表"卡尔"臼炮是精准度高的火炮，相反，它是利用威力来补偿精准度。为了不受火炮后坐力影响而频繁地进行炮位调整，"卡尔"臼炮需要利用液压悬吊降低车身贴地的程度以增加稳定性。

等待装弹的"卡尔"臼炮

实战表现

自从德国发动"巴巴罗萨"行动之后，第一个"卡尔"臼炮的受害者是苏联的布瑞斯特堡。1941年6月27日，在德军第二装甲军指挥官古德里安将军的调动下，"卡尔"臼炮很轻松地砸穿了布瑞斯特堡的防御结构。随着德国于1945年战败，搭配600毫米口径炮管的"卡尔"二号，以及搭配540毫米口径炮管的"卡尔"五号被美军俘获；"卡尔"一号、三号、四号与六号车则被苏联红军在云特堡俘获。

战斗中的"卡尔"臼炮

“灰熊”自行火炮

长度	5.93米	重量	28.2吨
宽度	2.87米	最大速度	24千米/小时
高度	2.52米	最大行程	210千米

“灰熊”（Brummbär）自行火炮是德国二战时期所使用的一款武器，以德军四号中型坦克的底盘为基础制造出来的，主要用于步兵的支援。

⊙“灰熊”自行火炮示意图

研制背景

在丛林中穿梭的“灰熊”自行火炮

正如前文所说，四号中型坦克数量庞大，合理利用这些坦克是非常有必要的。同时，步兵部队前进时有大口径火炮做直接火力支援，无疑保证了步兵行进安全，而且还可以提高士兵士气。德军在当时除了将四号中型坦克改造成防空坦克之外，还有一部分运用于自行火炮的改造。“灰熊”自行火炮正是德军在二战期间以四号中型坦克底盘为基础，打造的一款步兵支援武器。

作战性能

休闲时的德军士兵与“灰熊”自行火炮

“灰熊”自行火炮

“灰熊”自行火炮拥有较厚重的装甲，车内配有MG34机枪与MP40冲锋枪。与四号中型坦克相比，“灰熊”自行火炮由于主炮的搭载位置与厚重的前面装甲而显得头重脚轻（重心集中于前方）。此外，因为它没有炮塔，为了瞄准就必须让车体左右旋转，所以其传动系统与变速箱的负荷较大，比较容易发生故障。

实战表现

㊤战地中的“灰熊”自行火炮

1943年，“灰熊”自行火炮随德军第216突击炮营在库尔斯克作战，这是它的首战。另外三个突击炮营——第217、第218和第219突击炮营组建后，分别在东线和西线活动，每营装备46辆“灰熊”和85辆其他车辆。此外，“灰熊”还装备了一个特殊单位——第218连级特遣队，出现在镇压华沙起义的德军部队中。

“犀牛”自行火炮

长度	8.44米	重量	24吨
宽度	2.95米	最大速度	42千米/小时
高度	2.65米	最大行程	235千米

“犀牛”（Nashorn）自行火炮是德国二战时期研制的，主要用于击溃对方坦克装甲，使其步兵无法行进，同时掩护己方坦克前进。

研制背景

⊕ 战地中的“犀牛”自行火炮

1941年，德国发动“巴巴罗萨”行动入侵苏联，当时德国要与后者的T-34、KV-1系列等重装甲高防御力新型坦克接战，因此德国觉得非常需要有一款自行火炮，以便击破这些重装甲坦克。次年2月，德国柏林的Alkett武器公司（Altmärkische Kettenwerke GmbH）设计出一款新型自行火炮——“胡蜂”（Hornisse）自行火炮。该自行火炮在1943年改进后更名为“犀牛”自行火炮。

作战性能

⊕ 一辆隐藏在树木后面的“犀牛”自行火炮（右）

“犀牛”自行火炮的主炮是二战期间最有效的坦克炮之一，它的Pzgr.40/43碳化钨包芯弹头可以贯穿1000米距离外、倾斜30度的190毫米轧压均质装甲，主炮强大的威力使得其可以在敌方坦克火炮射程外攻击对手。它的长程火炮攻击能力抵消了本身装甲薄弱、火炮外露部分过多以及过高的车身曝露在大草原平坦地形的缺点。

实战表现

⊕ 准备前往战场的“犀牛”自行火炮

“犀牛”自行火炮初次登场是在库尔斯克会战，表现不错。同德国的Pak 38等火炮一样，“犀牛”式自行火炮可以击穿任何盟军坦克的正面装甲。根据1945年年初的报告，“犀牛”自行火炮可在4600米外击破苏联的IS-2“斯大林”重型坦克，同时，它也是德军唯一能击破美国M26“潘兴”坦克的自行火炮。

⊙ 在苏联雪地战场上的“犀牛”自行火炮

“野牛”自行火炮

长度	4.67米	重量	8.5吨
宽度	2.06米	最大速度	40千米/小时
高度	2.8米	最大行程	140千米

“野牛”自行火炮是德国在二战初期使用的一款装甲武器，由于其设计存在一些缺陷，所以在二战中期被淘汰。

研制背景

二战初期，各参战国的武器装备五花八门，尤其是德国。德国武器设计师将自己“另类”的设计思想，完全用于现实的武器之中，并且还取得了意想不到的效果。“野牛”自行火炮正是德国武器设计师“另类”思想的杰作。无论是外形，还是整体装甲的构造，它较当时的其他同类武器而言，确实非常吸引人。

一辆准备战斗的“野牛”自行火炮

作战性能

“野牛”自行火炮是以一号中型坦克的底盘为基础、配搭SIG33 150毫米榴弹炮作为主炮改装而成，曾参加过1940年对法国的入侵作战。其最大特色在于可拆卸的火炮设计，既可以固定在底盘作为标准的自行火炮来使用，又可以拆卸下来作为普通的榴弹炮用于阵地战。

拆除挡板“野牛”自行火炮

实战表现

所有的“野牛”自行火炮都被编入德军707和708重型步兵炮连，在1942年2月至4月间运到北非的利比亚。这些“野牛”自行火炮容易出现机械故障，所以只有几辆投入战斗，其他的都作为备用零件使用。

战地中的“野牛”自行火炮与德军士兵

"黄鼠狼"Ⅰ自行火炮

长度	5.38米	重量	8.2吨
宽度	1.88米	最大速度	34千米/小时
高度	2米	最大行程	135千米

"黄鼠狼"Ⅰ（Marder Ⅰ）自行火炮是德国二战时期使用的一款装甲武器，和"犀牛"自行火炮是同一时间出现的。

研制背景

"犀牛"自行火炮被制造出来之后，性能得到了实战的验证，但制造成本略高。为了节省开支，德军开始寻求另一种性能不亚于"犀牛"，但成本较低的自行火炮。正巧的是，1940年，德国在法国缴获了数百辆37L Lorraine牵引车，于是德军将这些缴获来的牵引车搭载75毫米Pak 40反坦克炮，将其改造成了"黄鼠狼"Ⅰ自行火炮。

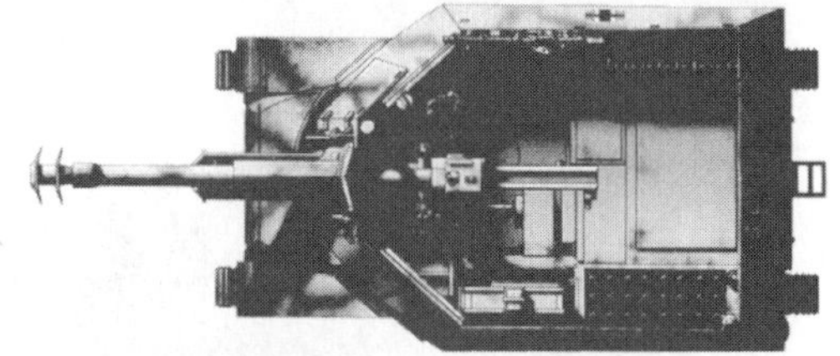

↑"黄鼠狼"自行火炮三视图

作战性能

"黄鼠狼"Ⅰ自行火炮的引擎位置非常适合自行火炮的设计（位于车体中央），它撤除了车体后部的兵员乘坐用空间，用以安

装火炮及设置开放式的战斗室。不过战斗室只是由9～10毫米厚的装甲板所构成，仅能防护成员免于轻兵器及炮弹破片的伤害，无法防护来自敌方坦克的炮击。

用树枝伪装过的“黄鼠狼”Ⅰ自行火炮

实战表现

最初的一批“黄鼠狼”Ⅰ自行火炮是在1942年投入了东部战线，配备于步兵师团坦克驱逐大队。但是，这些“黄鼠狼”Ⅰ自行火炮在后续车型如“黄鼠狼”Ⅱ出现后，就陆续被送回法国境内使用。

行进中的“黄鼠狼”Ⅰ自行火炮

“黄鼠狼”Ⅱ自行火炮

长度	6.36米	重量	10.8吨
宽度	2.28米	最大速度	40千米/小时
高度	2.2米	最大行程	190千米

“黄鼠狼”Ⅱ（Marder Ⅱ）自行火炮是德军在二战时期使用的一款装甲武器，依据车体设计、使用的底盘不同大致区分为两类，即Sd.kfz.132型和Sd.kfz.131型。

研制背景

在“巴巴罗萨”行动初期，德军对“犀牛”自行火炮的性能并不太满意，因为它在面对苏军的T-34、KV-1等重型坦克时，仍力不从心。于是德军希望拥有更强力的反坦克武器，而且要求能够马上量产，对此最有效的解决方法之一就是改造过时的坦克。之后，德军以二号中型坦克的底盘为基础，加装上76.2毫米（俄制）或者75毫米（德制）反坦克炮推出了“黄鼠狼”Ⅱ自行火炮。

↑“黄鼠狼”Ⅱ自行火炮与德军士兵

作战性能

“黄鼠狼”Ⅱ自行火炮因为其搭载火炮的优秀，而成为能充分对抗盟军坦克的一项利器。它的缺点是车高较高，没有车顶，背后也为开放式，加上战斗室的装甲相对薄弱，对于成员的保护极度不足。除了装甲完全无法抵挡敌军反坦克炮的炮击之外，开放且脆弱的战斗室导致“黄鼠狼”Ⅱ很容易因为步兵的肉搏攻击而被击毁。

㊤战地中的“黄鼠狼”Ⅱ自行火炮

“黄鼠狼”Ⅲ自行火炮

长度	4.65米	重量	10.67吨
宽度	2.35米	最大速度	35千米/小时
高度	2.48米	最大行程	190千米

“黄鼠狼”Ⅲ（Marder Ⅲ）自行火炮是德国黄鼠狼系列的第三种型号，是以LT-38坦克底盘为基础建造出来的，一直服役到大战结束。

研制背景

1941年，德国的自行火炮“犀牛”式、“黄鼠狼”Ⅰ以及“黄鼠狼”Ⅱ等相继服役，并取得了不错的效果，对苏军的重型坦克构成了一定的打击。吃一堑长一智，苏军方面也开始进一步完善自己的坦克，相应地，德军也开始研发新一代自行火炮。德军综合了上述3种以及其他“杂牌”自行火炮的特性，推出了“黄鼠狼”系列的第三种型号，即“黄鼠狼”Ⅲ自行火炮。

战地中的“黄鼠狼”Ⅲ自行火炮

作战性能

在打造“黄鼠狼”Ⅲ自行火炮时，为了能满足前线需求，德军把LT-38坦克的炮塔去除，然后在底盘上安装一个新的结构体，最后在结构体上安装了F-22野战炮和扩大过的炮盾。炮盾（装甲厚度10～50毫米）给予指挥官和装填手有限的保护，主炮、指挥官和装填手的位置在引擎的甲板上。该型号自行火炮高度远比LT-38坦克高，因此在敌人的火力下显得不利，容易受到敌人的攻击。

执行任务中的“黄鼠狼”Ⅲ自行火炮

"猎虎"自行火炮

长度	10.65米	重量	71.7吨
宽度	3.6米	最大速度	34千米/小时
高度	2.8米	最大行程	120千米

"猎虎"自行火炮（Jagdtiger Sd.Kfz.186）是二战时期德国投入使用的最重的装甲战斗车辆，目前仅剩下三辆，它们分别展示在美国、英国及俄罗斯军事博物馆。

↑"猎虎"自行火炮示意图

研制背景

随着三号自行火炮和其他同类武器的成功，德军认为，利用现有的装甲战斗车辆（包括坦克）的底盘来做自行火炮的底盘是非常可行的。此时，战场上“虎王”重型坦克声名赫赫，无疑是最好的装甲战斗车辆之一，为进一步增大它的威慑力，德军决定将其中一部分“虎王”重型坦克改造为自行火炮，以攻击敌方坦克。这就是“猎虎”自行火炮的由来。

行驶中的“猎虎”自行火炮

运输车上的“猎虎”自行火炮

作战性能

“猎虎”自行火炮使用固定炮塔结构，这样相比使用同样底盘的可转动炮塔结构，它能装备更大口径的火炮，而且固定炮塔结构也能减少制造周期和成本。该车由于过于夸张的车重和马力明显不足的发动机，所以也存在许多机械和技术上的问题。在战场上，没有任何一型盟军的火炮可以击穿“猎虎”的正面装甲，绝大多数被丢弃的“猎虎”都是因为机械故障和缺乏燃料。

休整中的“猎虎”自行火炮

实战表现

“猎虎”自行火炮总共有150辆的订单，但大约只制造了一半的数量，其中初期的11辆是装备保时捷悬吊系统（8个负重轮）的版本，其余的都是装备亨舍尔悬吊系统（9个负重轮）的版本。保时捷版悬吊系统具有重量轻、制造时间短、维修方便等优点，故被用于初期的生产型上。但是在德军兵器局的行驶测试中，意外发现会产生履带的上下振动问题，所以，后来的生产型便改用亨舍尔的悬吊系统。

⬆ 一辆被盟军摧毁的“猎虎”自行火炮

“蝗虫”10自行火炮

长度	6米	重量	23吨
宽度	3米	最大速度	45千米/小时
高度	3米	最大行程	300千米

“蝗虫”10（Heuschrecke 10）自行火炮是由克虏伯公司于1943～1944年间研制、马德堡公司生产的一款装甲武器，主要为炮兵火力提供足够的机动性，而且在必要的时候还可以担负固定火力点的角色。

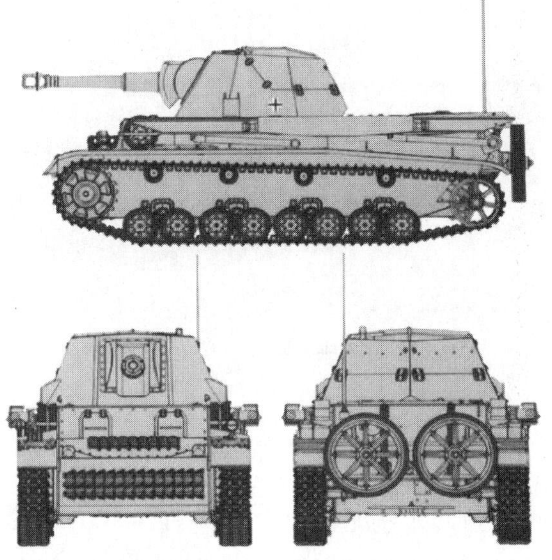

⊕“蝗虫”10自行火炮示意图

研制背景

二战期间，德国大小枪械公司、汽车公司和其他军用物品公司都在为德军前线部队献出自己的一份力量，克虏伯公司也不例外。在看到其他公司的自行火炮取得了不错的成绩后，克虏伯公司也开始设计同类武器。1942年，克虏伯公司以三号、四号中型坦克和其他战斗装甲车的部件组装成了一款新型的战斗装甲车——“蝗虫”10自行火炮。

⊕“蝗虫”10自行火炮

作战性能

“蝗虫”10自行火炮拥有可360度回转的炮塔，而且此炮塔可以非常简单地用车后部安装的吊车卸载下来。卸下来的炮塔可以用车上携带的拖车拖在车体后部行军，也可以安放在一个准备好的混凝土平台上作为装甲碉堡使用。没有炮塔的车体可以用来运送弹药或执行其他运输任务。

⊙德军基地中“蝗虫”10自行火炮

实战表现

⊙美军修复后的“蝗虫”10自行火炮

虽然“蝗虫”10自行火炮整体性能比较好，但较同时期的其他自行火炮，它的制造成本太高，所以德军采用的比较少。不过，在德军服役的这一小部分“蝗虫”10自行火炮，为德军的移动火力提供了比较有力的保障。

“追猎者”自行火炮

长度	6.38米	重量	15.75吨
宽度	2.63米	最大速度	42千米/小时
高度	2.17米	最大行程	177千米

“追猎者”（Jagdpanzer Hetzer）自行火炮是德国二战期间研制的一款装甲武器，是利用捷克斯洛伐克的38式坦克的底盘改造而来的。

研制背景

奔驰汽车公司的三号自行火炮有着较为优秀的性能，但1943年11月，盟军轰炸了生产该自行火炮的工厂，其被迫停产。之后德国要求捷克斯洛伐克的BMM公司（原斯柯达公司）进行三号自行火炮的生产，但BMM公司一直是生产38式坦克底盘的，难以“转行”，因此提出了用38式坦克的底盘研制新型自行火炮的方案。这就是“追猎者”自行火炮的由来。

作战性能

“追猎者”自行火炮生产容易而且能大量制造（这在当时意义非凡），同时，它的机械可靠度十分优秀，轮廓较小难以击中，易于隐藏以伏击敌方坦克。该自行火炮的缺点在于狭隘的主炮射界、糟糕的内部设计和视界不良。由于主炮射界太过狭窄，使其有时得挪动车体才能瞄准快速移动的目标。

“追猎者”自行火炮与其他机动车辆

实战表现

二战后期，因战场需要，德军对“追猎者”自行火炮进行了多种改进，以至于衍生出了许多型号。除了战斗型之外，指挥型也是“追猎者”自行火炮中相当常见的一款。指挥型除了拥有一般的战斗能力之外，还带有用于战地通信的无线电设备，一般作为营部及连部的指挥车辆使用。早在1944年，德军便计划为前线某个步兵师装备一个拥有“追猎者”自行火炮连作为试用部队。然而，由于在诸多细节问题上没能处理好，这个计划被拖延了相当长一段时间。

作战中的“追猎者”自行火炮

第4章 深海铁甲——战舰

战争形式的变化促进了武器的发展，一战时期坦克发展迅猛，二战时期则主要集中在包括战舰在内的海上武装和军用飞机上。与坦克相比，战舰既能适应海上作战环境，又具有更强的火力和防护能力。因此，以战列舰和航空母舰为主的水面战舰，以潜艇为主的水下战舰，在这一时期都得到了前所未有的发展。下面，我们将带您走近二战德军海上战场，体验水上、水下的震耳炮火。

4.1 水面战舰

“俾斯麦”级战列舰

船身长	251米	标准排水量	41700吨
舷宽	36米	最大航速	30节
吃水深度	9.3米	续航距离	8525海里

“俾斯麦”级（Bismarck class）战列舰是德国建成的最大的主力战列舰，同级两艘为“俾斯麦”号（Bismarck）、“提尔皮茨”号（Tirpitz）。

↑“俾斯麦”级战列舰示意图

研制背景

一战后，德国一直想摆脱《凡尔赛和约》的限制。早在1932年，德国海军就开始对建造3.5万吨的战列舰进行理论性研究，并对其武备、装甲和航速进行了可行性论证。在德国宣布撕毁《凡尔赛和约》之后，1935年与英国签订《英德海军协定》。德国海军开始准备建造“俾斯麦”级战列舰。英国曾要求德国将该型舰的排水量限制在35000吨，但德国以其不是《华盛顿海军条约》签字国为由断然拒绝。同级舰共两艘：“俾斯麦”号于1936年7月1日开工，1939年2月14日下水，并于第二年8月24日服役；二号“提尔皮茨”号于1936年11月2日开工，1939年4月1日下水，1941年2月25日服役。

港口中的“俾斯麦”级战列舰

远洋行驶中的“俾斯麦”级战列舰

作战性能

“俾斯麦”级战列舰设计上的主要瑕疵是防空火力不足。这主要是因为德国在高平两用炮的研制上进展缓慢，因此不得不在“俾斯麦”级上安装大量的152.4毫米副炮及105毫米高炮，占用了很大的甲板空间。而同时期英国建造的战列舰上使用了

大洋中的“俾斯麦”级战列舰

127毫米高平两用炮，既可以用于水面作战，也可用于防空，这样可以节省空间以安装更多的高炮。

↑“俾斯麦”级战列舰正面特写

实战表现

1941年5月19日，新服役的“俾斯麦”级战列舰首次出航，前往大西洋破坏英国海运航线。皇家海军调遣“胡德”号战列巡洋舰和“威尔士亲王”号战列舰拦截。战斗仅仅进行了7分钟，在精确的火控系统指引下，“俾斯麦”级的穿甲弹击中并且穿透了“胡德”号的尾部“Y”主炮的弹药舱，引发了大爆炸，“胡德”号舰体迅速爆炸进而断裂沉没。而“威尔士亲王”号随后受到“俾斯麦”级战列舰的火力重创，导致航速下降、燃油流失，舰桥人员大部死伤。英国随后调遣皇家海军的近一半舰只前来围击。5月27日，“俾斯麦”级战列舰被英国“皇家方舟”号航空母舰的舰载鱼雷轰炸机打坏船舵，无法操舵。由“英王乔治五世”号及“罗德尼”号战列舰组成的英国舰队次日赶到，群起围攻。“俾斯麦”级战列舰在战斗中被穿甲弹击中，随后沉没于距法国布雷斯特以西400海里的水域。

↑准备出航的“俾斯麦”级战列舰

↑被攻击的“俾斯麦”级战列舰

“德意志”级战列舰

船身长	186米	标准排水量	12100吨
舷宽	21.6米	航速	28节
吃水深度	7.4米	续航距离	10000海里

“德意志”级（Deutschland class）战列舰的同级舰德国海军的“格拉夫·斯佩海军上将”号（Admiral Graf Spee）袖珍战列舰是二战中第一场重大海战的主角，该舰与两年后战沉的“俾斯麦”号战列舰一样，都引起了英国皇家海军极大的注意。

↑“德意志”级战列舰示意图

研制背景

20世纪20年代，由于《华盛顿海军条约》规定巡洋舰主炮口径不得超过203毫米，因此，德国改变了建造巡洋舰的规格：火力比当时只有轻装甲防护的重巡洋舰强，航速比当时的战列舰快。之后，围绕这些要求，德国打造出了“德意志”级战列舰。二战开始后，德国由于不再受条约限制，遂将其重新划分为巡洋舰。同级舰共三艘：“德意志”号（Deutschland）、“舍尔海军上将”号（Admiral Scheer）、“格拉夫·斯佩海军上将”号（Admiral Graf Spee）。

港口中的“德意志”级战列舰

“德意志”级战列舰首次出航时引起众人围观

作战性能

就当时而言，“德意志”级战列舰的航速几乎高过任何一艘比它们强大的战列舰。实际上，“德意志”级并不像看起来那么强大。由于只有两座主炮炮塔，“德意志”级战列舰很难将火力分散到两个以上的目标；另外，它们比当时的重巡洋舰稍大一点，但防护又好不了多少。1938年，“格拉夫·斯佩”号成为第一艘配备原始雷达设备的德国战舰，该设备探测距离仅为15千米，而且用于武器控制时不能精确地指示目标。尽管如此，它还是在二战初期表现出了应有的价值。

远洋作战中的“德意志”级战列舰

实战表现

二战爆发后，“德意志”级战列舰是德国海军最为活跃的海上袭击舰，转战于印度洋与大西洋，击沉多艘商船，并屡次躲过英、法海军舰艇的追击。但最后在1939年12月13日被3艘英国巡洋舰在拉普拉塔河口截住，经过激战后，该舰驶入了中立的蒙特维迪约港。最后，在强大的军事及外交压力下于17日自沉。在这次战斗中，由于“德意志”级战列舰只有两座主炮炮塔，因而不能将炮火分散到多个目标，这是其在海战中失利的原因。

↑大洋行驶中的“德意志”级战列舰

↑自沉中的“德意志”级战列舰

“沙恩霍斯特”级战列巡洋舰

船身长	235米	标准排水量	31500吨
舷宽	30米	航速	32节
吃水深度	9.93米	续航距离	10000海里

“沙恩霍斯特”级（Scharnhorst class）是德国设计建造的一种大型主力战列巡洋舰，同级舰共两艘：“沙恩霍斯特”号（Scharnhorst）、“格奈森瑙”号（Gneisenau）。

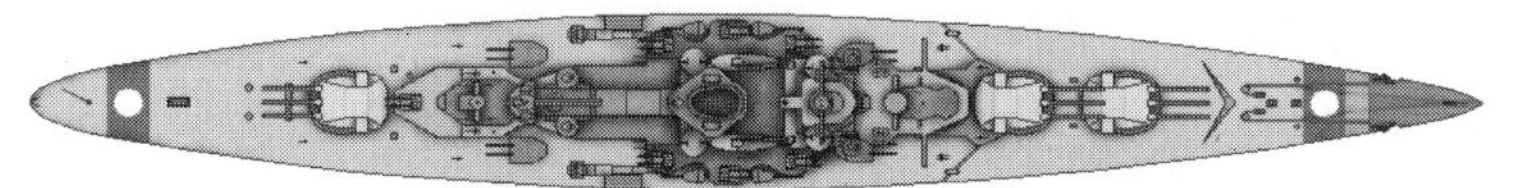

“沙恩霍斯特”级战列舰示意图

研制背景

1933年，希特勒掌权后，大力扩充军力，海军的新型战舰也开始进行实际设计工作。1935年6月，德国与英国签订《英德海军协定》，在法律上解除了《凡尔赛和约》对德国海军的限制，并允许德国建造排水量在35000吨级的军舰。于是，德国海军停止建造“德意志”级的四、五号舰，于协约签订的当月开工建造新设计的“沙恩霍斯特”级战列巡洋舰。该级首舰于1935年5月开工，1936年10月下水，1939年1月服役。

港口中的“沙恩霍斯特”级战列巡洋舰

“沙恩霍斯特”级战列巡洋舰炮塔

作战性能

相比“德意志”级战列舰，“沙恩霍斯特”级战列巡洋舰的防御性能大幅度增强。由于修改了装甲防护的设计，使该级舰排水量大幅度增加到32000吨，导致干舷高度较低，影响了航海性能，而要解

决这个问题，又不得不增加装甲区，最终权衡再三，只好放弃某些航海性能。尽管德国海军将其称为战列舰，但当时一般将这种高速、主炮口径较小的战舰称为战列巡洋舰。

急速行驶中的“沙恩霍斯特”级战列巡洋舰

实战表现

1942年，“沙恩霍斯特”级两舰同“欧根亲王”号重巡洋舰一起通过英吉利海峡返回德国，但相继被水雷炸伤。之后，“沙恩霍斯特”号修复后北上挪威海域，1943年12月25日，“沙恩霍斯特”号出航攻击盟国护航运输队，却遭到英军集中攻击，被击沉。而“格奈森瑙”号修理完毕，准备出海前往挪威，但英国轰炸机使其再次受创，该舰只好长时间呆在船厂，最后变成了一艘毫无用处的废船，被作为障碍船沉没于格丁尼亚港。

执行任务中的“沙恩霍斯特”级战列巡洋舰

“柯尼斯堡”级巡洋舰

全长	174米	满载排水量	8260吨
全宽	15.3米	最大航速	32.5节
吃水	5.56米	续航力	3100海里

“柯尼斯堡”级（Konigsberg class）巡洋舰是德国按照《凡尔赛和约》的条款（限制6000吨）建造的巡洋舰。

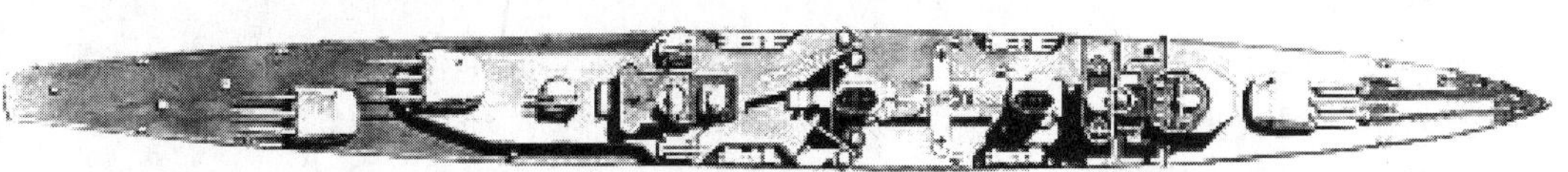

↑“柯尼斯堡”级巡洋舰示意图

研制背景

根据《凡尔赛和约》条款的要求，德国军舰在除了用于训练及海岸防御外，不做其他用途，替代舰必须在军舰下水时间后20年才可动工建造。因此，德国有4艘巡洋舰的建造空间，为此德国决定先建造3艘6000吨级的巡洋舰，主炮口径不超过150毫米。1926年3艘巡洋舰正式动工建造，1927年3月首舰下水，取名为“柯尼斯堡”，因此3艘巡洋舰定为“柯尼斯堡”级巡洋舰。3艘巡洋舰以德国三座城市为名，即“柯尼斯堡”号（Konigsberg）、“卡尔斯鲁厄”号（Karlsruhe）和“科隆”号（Koln）。

“柯尼斯堡”级巡洋舰下水

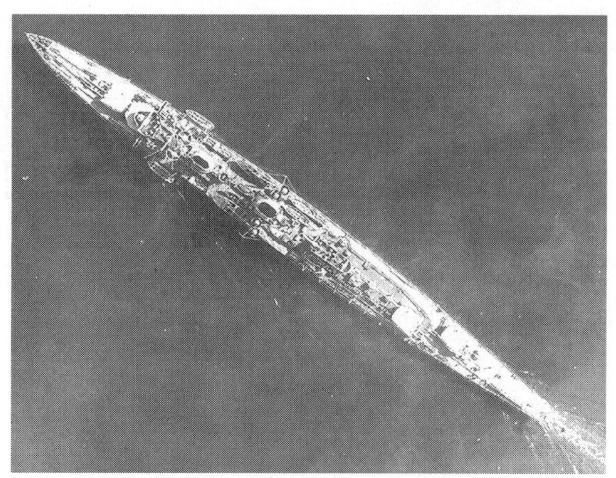

“卡尔斯鲁厄”号巡洋舰

作战性能

“柯尼斯堡”级巡洋舰首次采用了3联装炮塔。主炮为新设计的SkC/25型150毫米型火炮，炮塔为前1后2布置。后面2座炮塔一座相对船体中心线偏左舷另一座偏右舷，这种布置方式是用来追击敌舰而

“柯尼斯堡”级巡洋舰前侧方视角

设计。“柯尼斯堡”级巡洋舰舰体广泛采用电焊技术，由于存在结构缺陷必须保持一定的压仓物，以满足适航性的要求，所以仅仅适用于布雷任务。其动力系统计划采用两台蒸汽轮机，双轴推进，分别通过一个液压离合器各与一台巡航用的柴油机相连，但是使用后发现此设计极为浪费空间。由于新的88毫米炮的性能不令人满意，因此采用老式的88毫米L/45单管炮临时充当副炮。由于《凡尔赛和约》禁止德国拥有飞机，所以在当时“柯尼斯堡”级巡洋舰没有可供搭载飞机，但保留航空设备。

↑“柯尼斯堡”级巡洋舰在1934年访问英国

实战表现

二战开始后，“柯尼斯堡”级巡洋舰先是在波罗的海作为训练舰，之后又参与了北海的“布雷”行动。

1940年“柯尼斯堡”号和“科隆”号巡洋舰等参加了向挪威和丹麦发起的威瑟演习作战，前往了卑尔根。4月8日，在尝试放下所有登陆部队的时候被岸上防御火炮击中，舰身着火，并失去机动能力，幸运的是“柯尼斯堡”号和“科隆”号的炮击中了挪威人的岸防炮。4月9日，德国巡洋舰遭到英军空袭，但幸运的是并没有造成损伤。4月10日清晨，英军派出16架战斗轰炸机再次攻击，“柯尼斯堡”号因为舰体朝向不对，88毫米高炮无法发挥作用，只能够用37手拉机还击，被至少5发45千克的炸弹击中。一发击穿甲板和船体，在水中爆炸；另一发炸毁了辅助锅炉。空袭开始3小时后，“柯尼斯堡”号完全沉没。

↑“柯尼斯堡”级巡洋舰侧方视角

1942年7月17日，“柯尼斯堡”的残骸被打捞，并被作为潜水艇的码头使用。1944年9月22日，它的残骸又一次沉没，战后在卑尔根被完全拆毁。

“希佩尔”级巡洋舰

船身长	202.8米	标准排水量	16170吨
舷宽	21.3米	航速	最大32节
吃水深度	7.2米	续航距离	7000海里

“希佩尔”级（Hipper class）巡洋舰是德国在一战后建造的军舰，后经过改进参与了不少二战海战，虽然火力、防护等方面不错，但蒸汽轮机故障率很高，一定程度上影响了它的战斗力。

“希佩尔”级巡洋舰示意图

研制背景

一战结束后，德国海军丧失了大部分军事力量，变成了一支“岸防海军”。鉴于此，德国海军急迫地希望装备一些军舰，以扩充海上力量。但是，《凡尔赛条约》明文禁止德国海军建造大型军舰，所以德国不得不在条约限制内建

众人在参观“希佩尔”级巡洋舰

造了一些轻战舰，例如前文的“德意志”级战列舰等。在这之后，德国又陆续推出了多种不同的战舰，其中就包括“希佩尔”级巡洋舰。

“希佩尔”级巡洋舰上一角

作战性能

“希佩尔”级巡洋舰为高干舷平甲板型舰，该级头两艘在刚建成采用的是平直略带外倾的舰艏和传统的巡洋舰艉，并有着适度的球鼻型艏，以利于减少高速时的兴波阻力。在建造“希佩尔”级巡洋舰时，由于焊接技术已有很大发展，因此该舰大量采用了焊接方法，这样大大地降低了舰体重量，而且还有利于采用高强度钢以提高整舰的防护强度。另外，在“希佩尔”级巡洋舰服役时，德国海军已经意识到，“沙霍恩斯特”级战列巡洋舰与该级舰采用的直平舰艏在恶劣海况时有上浪严重的缺点，于是，在服役不久后就开始改装为大西洋舰艏。这种结构的舰艏比较适于北海和大西洋海域航行，而这种舰艏也成了德国大型战舰的外观标志。

“希佩尔”级巡洋舰的炮塔

实战表现

二战爆发后，“希佩尔”级巡洋舰一舰于1940年4月参加了德军进攻挪威的行动。当时，“希佩尔”级一舰奉命同“沙恩霍斯特”级两舰掩护14艘运送陆军部队的驱逐舰，前往攻占纳尔维克及特隆赫姆。4月8日，

远洋作战中的“希佩尔”级巡洋舰

“希佩尔”级在特隆赫姆西北遭遇英国皇家海军“萤火虫”号驱逐舰。随后，“萤火虫”号被击沉，但其舰长在军舰沉没前勇敢地驱舰撞击“希佩尔”级，在其装甲带上撕开了一个大裂口。之后，由于希特勒将重心转向了潜艇战，“希佩尔”级一直被闲置，1945年5月2日，为避免被盟国俘获而自沉。

“科隆”级巡洋舰

船身长	155.5米	标准排水量	5620吨
舷宽	14.2米	航速	27.5节
吃水深度	6.01米	续航距离	5400海里

“科隆”级（Köln class）巡洋舰是德国二战前建造的，虽然技术上比较突出，但数量较少，所以在二战爆发后起到的作用比较有限。

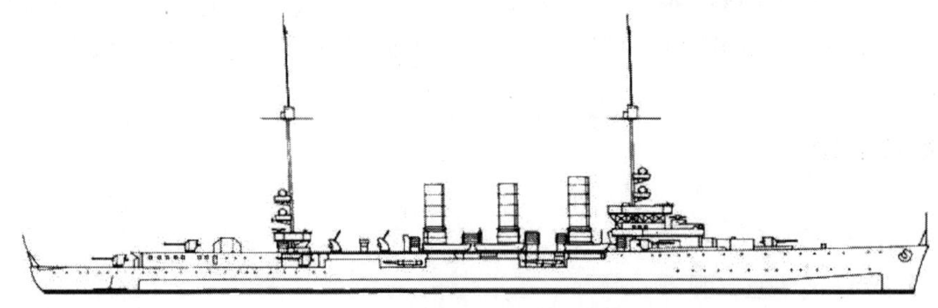

↑“科隆”级巡洋舰示意图

研制背景

“科隆”级巡洋舰是德国在二战期间依照《凡尔赛条约》的限制（6000吨）制造的轻巡洋舰，于20世纪20年代开始设计。为了符合重量限制的要求，它的钢板连接处85%是焊接的而不是铆接的，由此带来了抗疲劳性差的问题。该舰共造了三艘，以德国三座城市为名，分别为“柯尼斯堡”（Königsberg）号、“卡尔斯鲁厄”（Karlsruhe）号和“科隆”（Köln）号。与其他战舰不同的是，该级巡洋舰以三号舰“科隆”号命名为“科隆”级，而不是像其他大多数战舰那样以首舰命名，如果按照以首舰命名的习惯，它也可以叫“柯尼斯堡”级。

↑“科隆”级巡洋舰在斯卡帕湾

↑德国人民与“科隆”级巡洋舰

作战性能

“科隆”级巡洋舰有一个与众不同的特点，那就是它的三座主炮塔是前1后2，而不是传统的前2后1。为了弥补正前方火力不足的问题，后甲板的两座三联主炮塔不在一条轴线上，而是呈对称分布，目的是必要时后炮可以转向180度向前开炮。

1934A型驱逐舰

船身长	119米	标准排水量	2206吨
舷宽	11.3米	航速	36节
吃水深度	4.23米	续航距离	1530海里

1934A型驱逐舰又称Z5级驱逐舰，由于性能太差，德军一般不派它出任正面攻击任务，即便如此，它在二战中还是为德国海军增强了一定的海上火力。

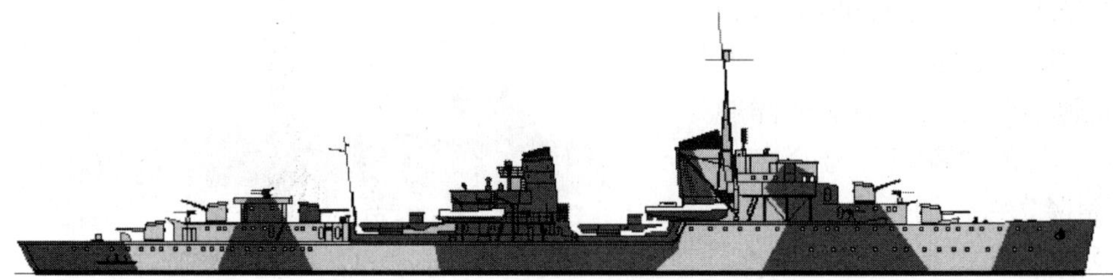

⊕ 1934A型驱逐舰示意图

研制背景

1934型驱逐舰是德国于20世纪30年代所建造的海军战舰，共4艘，性能较同时期的其他驱逐舰略逊。1935年，由于技术有所提升，加上海军急需性能出众的驱逐舰，于是德国以1934型驱逐舰为基础，进行了一系列的改进，最终催生出了1934A型驱逐舰。

作战性能

1934A型驱逐舰上最重要的装备就是高压蒸汽锅炉及涡轮机，虽然它以6座锅炉的数量便让3000吨级的驱逐舰达成38节的高速，但因高压蒸汽涡轮机的振动问题使得舰体稳定性不佳，加上燃烧效率问题使得续航力只有英国同等驱逐舰的一半。另外，甲板设计不良、重心过高使得该驱逐舰耐海性受限，航行时海象不佳前甲板主炮即无法使用。同时，因为体积大，成本与建造周期也比一般驱逐舰要高。

⊕ 战斗中的1934A型驱逐舰

实战表现

1934A型驱逐舰于1935年7月至11月动工建造，总计12艘。较前身1934型驱逐舰而言，1934A型性能有所提升，不过使用的仍是只能对海射击的旧式舰炮，在总体性能上仍无法和英国驱逐舰相比。在开战后该舰主要作为布雷舰使用，1945年德国投降后尚有5艘存活，并移交给英国、法国、苏联海军，最后一艘退役的时间为1958年。

一艘撞在岩壁上的1934A型驱逐舰

1936型驱逐舰

船身长	123.4米	标准排水量	3415 吨
舷宽	11.75米	航速	36.7 节
吃水深度	4.5米	续航距离	2020海里

1936型驱逐舰又称为Z17级驱逐舰。外形方面，除了体积略大之外，它几乎与1934型一模一样，可视为1934型放大版本，但内部设计不尽相同。

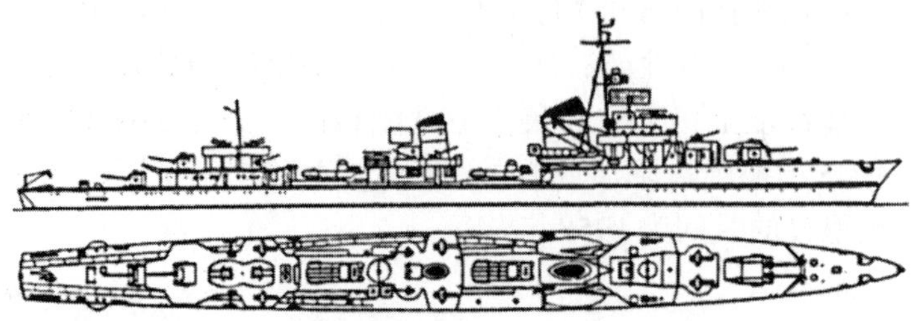

1936型驱逐舰示意图

研制背景

1934型、1934A型驱逐舰服役后不久，德国就开始着手研制更先进的驱逐舰，原因无它，主要是为了进一步增加海上力量。不过，由于缺乏设计理念、技术和经验，所以新型驱逐舰还是按照1934型、1934A型来设计的。同德国的其他武器一样（例如前文的“古斯塔夫”超重型铁道炮），希特勒笃信“大，就是威力”，于是德国将1934型、1934A型体积放大，演变成了1936型驱逐舰。

疾速行驶的1936型驱逐舰

作战性能

同1934型、1934A型驱逐舰相比，1936型为改善抗浪性，舰艏采用弧形前倾的飞剪型，除此之外，武器和动力系统与1934级相同。由于整体性能无法与英国的同类武器一较高下，因此该型只建造6艘，全部于1939年12月服役。

1936型驱逐舰侧面

实战表现

1940年，1936型驱逐舰首次参加实战，其任务是攻占挪威纳尔维克港口，切断以英国为主的联军的退路。由于采用突然袭击的战术，所以德国不费吹灰之力就将1936型驱逐舰驶入维克港口，并对英国及其他联军的海上力量进行了攻击。为挽救纳尔维克港口，同年4月10～13日，英国皇家海军对纳尔维克港口的德国驱逐舰发动反击，导致德国的大部分1936型驱逐舰被击沉，只有担任“沙恩霍斯特”级战列巡洋舰护航任务的两艘幸免。

4.2 潜水艇

Ⅱ级潜艇

全长	40.9米	水下排水量	329吨
艇员	25人	最大水上航速	13节
水面排水量	279吨	最大水下航速	6.9节

Ⅱ级潜艇是德国海军一种近海小型潜艇，也是德国第一种在一战后建造的U艇。其设计来自1931～1933年为芬兰建造的Vesikko号潜艇，Ⅱ级潜艇在二战时主要在德国沿海、英吉利海峡、巴伦支海和黑海作战，而有更多Ⅱ级潜艇用于水兵训练，1941年后德国停止建造Ⅱ级潜艇，改为建造较大型的远洋潜艇，Ⅱ级潜艇只有少数被击沉于大海，其余大多被盟军战机空袭而毁于港口或在德国战败时被德国人自己弄沉，其中有三艘成为苏联的战利品。

Ⅱ级潜艇采用双层船壳，以科庭式煤油引擎作为动力，武装是艇艏的三具鱼雷发射管。Ⅱ级潜艇服役后成为当时德国主力潜艇。1939年德国入侵波兰，英国和法国对德国宣战，当时德国只有57艘潜艇，潜艇指挥官邓尼茨海军上校下令潜艇部队出海作战，Ⅱ级潜艇参与了二战初期战斗，其主要任务是近海作战。1942年主要为打击苏联运输船在黑海的活动，支援陆军作战。

芬兰建造的Vesikko号潜艇

Ⅱ级潜艇A型潜艇

Ⅶ级潜艇

全长	67.1米	水下排水量	258吨
艇员	14～16人	最大水上航速	9.7节
水面排水量	234吨	最大水下航速	12.5节

Ⅶ级潜艇是德国海军在二战中使用最广泛、数量最多的潜艇，共建造了709艘，还拥有许多种型号，包括Ⅶ-A、Ⅶ-C、Ⅶ-E等。

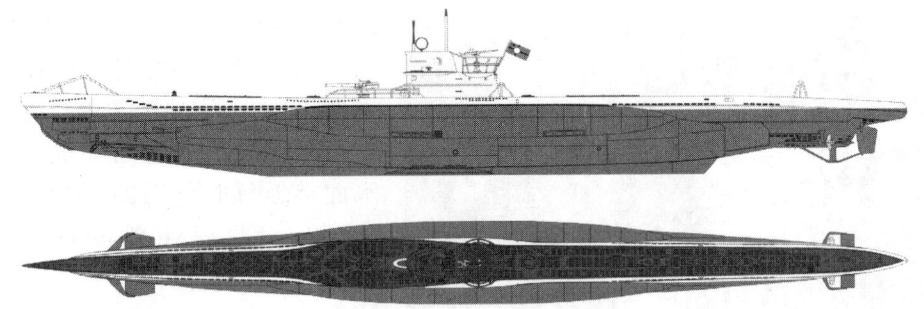

⊙ Ⅶ级潜艇示意图

研制背景

一战结束后，德国受《凡尔赛条约》限制，禁止建造各种大型水面战舰和潜艇。这导致德国境内许多民间造船企业百废待兴，于是它们共同建立了船舶建设工程局，主要与日本、阿根廷、西班牙和芬兰等国合作。期间，船舶建设工程局积累了许多潜艇方面的技术和经验。尔后，德国军方也开始投资船舶建设工程局，并要求其秘密为本国海军打造潜艇。这就是Ⅶ级潜艇的诞生背景。

⊙ 水面行驶中的Ⅶ级潜艇

作战性能

Ⅶ级潜艇基本设计采用单壳体结构，为防止深水炸弹攻击导致燃油外漏，燃油储存于耐压壳体内。舰身中部有主压载水舱，耐压壳体外部前后方各有两个副压载水仓，两侧各有一个鞍状储水舱，船头有锯齿状构造。Ⅶ级潜艇的武装包括舰艏的4座、舰艉外部一座装载11枚鱼雷的鱼雷发射管、一门220发88毫米速射甲板炮，可储放

⊙ 准备去执行任务的Ⅶ级潜艇

Ⅶ级潜艇内部通道

22枚TMA级水雷或33枚TMB级水雷。Ⅶ级U-33号潜艇在海平面上的航行十分灵活，紧急下潜只需要20秒即可完成。在水面上航行时使用2座MAN的6汽缸、4冲程M6V 40/46柴油引擎，能在每分钟470～485转的模式下提供2100～2310匹马力的动力。

Ⅶ级潜艇炮塔内部

Ⅶ级潜艇的控制台

实战表现

在英法对德国宣战后，Ⅶ级潜艇击沉了“雅典娜”号客轮，这是二战中第一艘被击沉的船只，此事成为大西洋海战的开端。另外，Ⅶ级的改进型

德国水兵们在Ⅶ级潜艇甲板上休息

Ⅶ-A级击沉了二战中最大吨位的客轮——“不列颠女王”号，还击沉了英国皇家海军的“勇敢”号航空母舰。1945年5月4日，这一级潜艇大部分都在铜厂湾内由德军自己凿沉。

↑ 岸上的Ⅶ级潜艇

Ⅸ级潜艇

全长	76.5米	水下排水量	1153吨
艇员	48人	最大水上航速	18.2节
水面排水量	1032吨	最大水下航速	7.7节

Ⓐ Ⅸ级潜艇模型图

Ⅸ级潜艇和Ⅶ级潜艇是同时期的产品，但Ⅸ级潜艇体积更大，耐海性更佳，载燃料也更多，从而续航能力也更大。Ⅸ级潜艇在二战期间曾远征美国领海、印度洋和太平洋。Ⅸ级潜艇是由Ⅰ级潜艇改良而来，总共建造了200多艘，和Ⅶ级潜艇一样是纳粹德国海军的主力潜艇。和Ⅶ级的单艇壳相比，Ⅸ级采用了双艇壳，其水箱全都在双壳结构之内，部分油箱也可设在外壳和压力壳之间，不过和Ⅶ级相比Ⅸ级下潜时间要更慢一些。

1940年开始Ⅸ级潜艇在南大西洋攻击同盟国货船，1941年后进入美国领海攻击运送援英物资的美国货船，1942年后航行得更远，有25艘被派往印度洋，另外9艘去太平洋和日本海军一起作战，在二战期间有5艘Ⅸ级潜艇改为加入日本海军。Ⅸ级潜艇最有名的战例是在1942年9月12日，U156击沉一艘英国货船“拉可尼亚”号，但原来船上除了930名乘客外还载有1800名意大利战俘，U156救助受难者时受到盟军反潜机攻击，这件事令德国海军潜艇部队司令邓尼茨下令以后停止进行海上人道救援。

Ⓐ Ⅸ级C型潜艇

除了攻击同盟国货船，Ⅸ级潜艇还击沉过军舰，例如U155击沉了英国护卫航空母舰“复仇者”号，U124击沉英国巡洋舰“度奈丁”号等。1943年后Ⅸ级潜艇开始加装通气管以便在水下用柴油发动机航行，到了1944年Ⅸ级的建造停止，改为建造Ⅹ级、Ⅺ级潜艇。

X级潜艇

全长	89.8米	水下排水量	2212吨
艇员	14～16人	最大水上航速	17节
水面排水量	1791吨	最大水下航速	7节

X级潜艇是二战中纳粹德国海军使用的一级潜艇，原先设计为远航布雷潜艇，但在战争后期也兼任了远洋运输的工作。在其最初设计中，潜艇为提供空间储放干燥的水雷，在布雷前需要个别将其雷管进行调整，且预估潜艇排水量将会有2500吨。另一种被称为X级A型的方案则是拥有额外附有马鞍状水箱的储仓来装载其他水雷，但以上两种都并未投入生产。最后德国生产了共8艘X级B型潜艇，取代了原本的X级A型方案。船体最多可携带18枚

在水下执行工作的X级潜艇

水雷，以及额外48枚水雷可置于两侧12座的船轴。X级B型潜艇只有2座位于船尾的鱼雷发射管，同时也可作为运输、载货的潜艇。

8艘X级潜艇有6艘在战争中损失，仅2艘在二战后幸存。一艘为U-234，它于1945年5月14日向美国海军投降，当时U-234正准备前往日本转交560千克的氧化铀、2架Me 262喷气式战斗机和10座喷射引擎。另一艘幸存潜艇为U-219，它于1944年12月前往日本占领的雅加达，预计转交已被拆除的V-2火箭给日本。随着德国投降，U-219于1945年7月15日改入日本海军中服役，舰编号为I-505。

⊕ 在海边停靠的X级潜艇

XIV级潜艇

全长	67.1米	水下排水量	1932吨
艇员	53人	最大水上航速	14.4节
水面排水量	1688吨	最大水下航速	6.2节

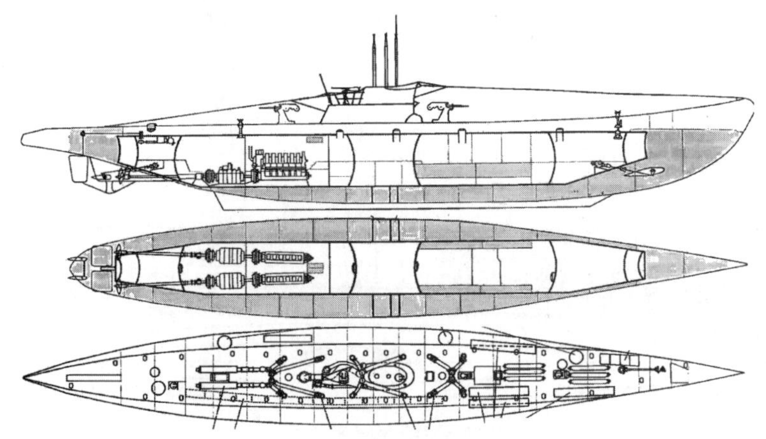

Ⓘ XIV级潜艇结构图

XIV级潜艇是以IX级潜艇作为基础设计的运输潜艇，其艇身相对比较肥大，负责为其他U艇做补给，能一次性为4～5艘U艇补给燃料，还有鱼雷和食物等补给物资，故纳粹德国海军称此潜艇为“乳牛”，1940年开始在基尔建造了10艘。

Ⓘ XIV级潜艇模型图

在二战期间除了德国海军，日本海军也有使用潜艇作为补给舰向已被美国海军封锁的太平洋岛屿上的守军运送补给物资。

XXI级潜艇

全长	76.7米	水下排水量	258吨
艇员	57人	最大水上航速	9.7节
水面排水量	1621吨	最大水下航速	12.5节

XXI级潜艇是德国在二战后期使用的一级常规潜艇，是近代潜艇的雏级，共生产了118艘。

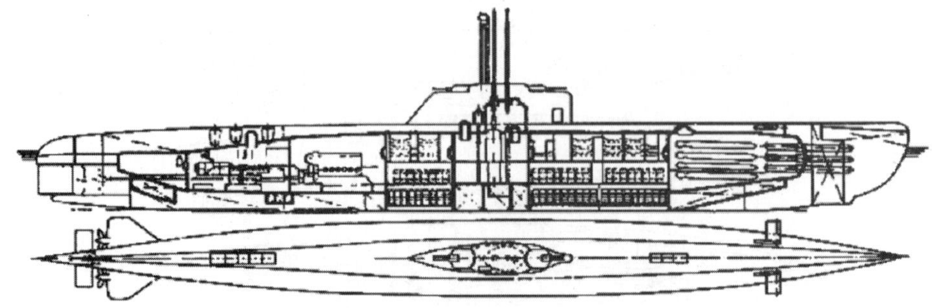

XXI级潜艇示意图

研制背景

二战的大西洋海战中，德国使用的Ⅶ级潜艇在战场上已逐渐显得过时，为了能跟上战争节奏，德国海军潜艇总司令卡尔•邓尼兹将Ⅶ级潜艇的建造计划进行了变更，全力将资源投入于高速新式潜艇的建造。该新式潜艇即XXI级潜艇。该级潜艇的建造采用了与以往不同的方法，即模组化生产，整艘潜艇分为8个部分生产，由32家造船厂制造所有零部件，再集中到11间造船厂里进行组装，生产速度大幅提升，每6个月就能下水一艘。

港口中的XXI级潜艇

建造中的XXI级潜艇

作战性能

XXI级潜艇比Ⅶ级更安静，使其在潜航时更不容易被发现。舰体设计也更简单化，流线性更好，减小了潜航阻力，提高了潜航速度，使敌人追踪起来更加困难。与Ⅶ级潜艇相比，XXI级潜艇的内部空间更大，设备也更好，舰体搭载了多组蓄电池后仍有充足的空间，舰上还突破性地增加了冷冻设备和供士兵洗澡的淋浴间。

XXI级潜艇装载了液压鱼雷系统，能让装配鱼雷时间大大缩短（能在20分钟内发射18枚鱼雷），鱼雷射速也更快。同时还有更先进的声呐系统，在发射鱼雷时不需要借助潜望镜来加以瞄准，增加其隐蔽性。

随舰队执行任务的XXI级潜艇

实战表现

海底的XXI级潜艇残骸

1944年5月，第一艘的XXI级潜艇下水。然而面对这一新级潜艇，德军有经验的潜艇水手却极为缺乏，因此，出战的XXI级潜艇非常少，加之它量产时间过晚，所以并未对战况造成什么影响。在XXI级潜艇中，只有U-2511和U-3008这两艘真正进行过战斗巡逻，然而它们的出击却颇为失败。

战后被美国获取的XXI级潜艇（U-3008号）

XXIII级潜艇

全长	34.7米	水下排水量	258吨
艇员	14～16人	最大水上航速	9.7节
水面排水量	234吨	最大水下航速	12.5节

XXIII级是德国海军在二战后期使用的一级潜艇，主要用于近海与浅水区战斗（包括黑海、北海和地中海）。战后，XXIII级和XXI级潜艇皆成了近代潜艇的设计雏形。

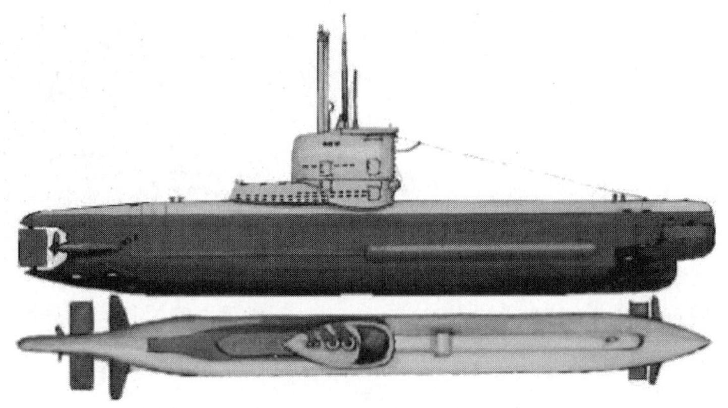

XXIII级潜艇示意图

研制背景

1942年，XXI级潜艇开始研制之际，德国海军中有一个不起眼的士兵，提出了应该开发小版本的XXI级潜艇，以便取代Ⅱ级潜艇的建议。德国海军潜艇部队的总司令卡尔·邓尼兹考虑再三后，在该建议上又提出了另外两点要求：第一，该新型潜艇的武备必须使用制式700毫米的潜艇发射管；第二，为了能在地中海和黑海使用，该潜艇必须要能用铁路运送。随后，德国造船厂为了节省开发时间，新型潜艇都尽可能地采用现有的技术，最终催生出了XXIII级潜艇。

⊕ 下水的XXIII级潜艇

作战性能

XXIII级潜艇为全焊接单壳结构舰体，是第一艘单壳体结构潜艇，舰身采用流线形，只保留相对较小的指挥塔和柴油引擎排烟时的整流罩与消音器。为了能够以火车运输，XXIII级潜艇的体积受限很大，运输时，要将潜艇分成4份。受体积的限制，XXIII级潜艇的头部也被设计得尽可能地短，这使它只能配装2个鱼雷发射管和2枚鱼雷，发射后也不能从舰内直接重新装填鱼雷，必须借由其他船只从潜艇外部将鱼雷运到船头，排出船头鱼雷管中的水后才能重新装填。

⊕ 正在下潜的XXIII级潜艇

实战表现

第一艘出战的XXIII级潜艇是U-2322，由海军中尉福里狄杰夫•海克尔指挥，于1945年2月6日从挪威基地出发，在英国东部海域、诺森伯兰郡等地攻击船队，并于1945年2月25日击沉“艾格哈姆”号商船。与U-2322同港口出发的U-2321也在圣阿布斯海角击沉商船“戈斯瑞”号。由海军上尉艾米尔•克鲁什米尔指挥的U-2336于1945年5月7日在福斯湾击沉货轮“舍德兰郡”号和“雅云戴尔”号，这也是盟军在二战中最后两艘被德国潜艇击沉的船只。

⊕ 作战间隙浮出水面的XXIII级潜艇

第5章 天空之翼——战机

战机是二战中最重要的武器装备之一，谁掌握了制空权，谁就掌握了战争的主动权。在二战初期，德军之所以势不可挡，其主要原因除了战术得当和装甲力量雄厚之外，还有非常重要的一点就是来自天空的支持。下面，我们将带您走近二战德国战机，领略血火交织的高空战地。

5.1 战斗机

Me 163战斗机

长度	5.98米	空重	1905千克
翼展	9.33米	最大速度	959千米/小时
高度	2.75米	最大航程	40千米

Me 163是德国于二战时唯一进入服役以火箭为动力的拦截机，也是参战各国当中唯一服役的火箭战斗机。

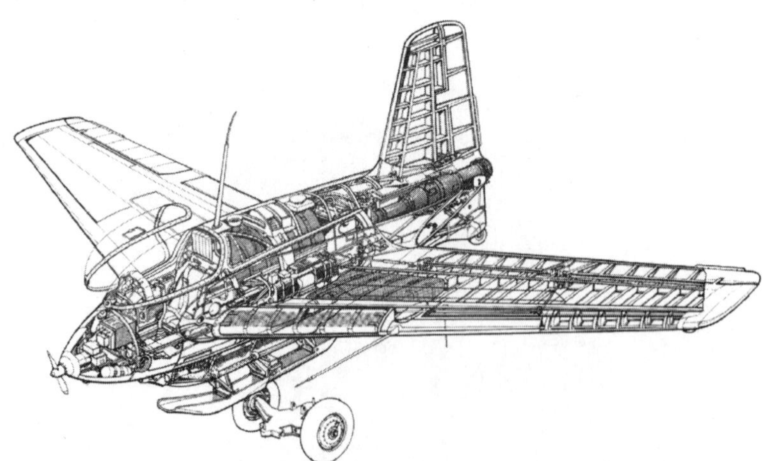

Me 163战斗机结构图

研制背景

⊕ 存放在博物馆内的Me 163战斗机

1933年，利皮施在德国滑翔飞行研究所领导设计了后掠机翼无尾式火箭飞机，代号为DFS194型。1940年6月3日，DFS194试验机由海宁·迪特马驾驶首飞。试飞之初，由于发动机的续航工作时间太短，而只得以Bf 110型机牵引起飞。1941年8月31日，DFS194型安装了推力较大的发动机，并在试飞中达到754.76千米/小时的速度纪录。随后，生产了3架原型机，换装了推力为7.35千牛的瓦尔特RII-203型发动机，这就是后来的Me 163战斗机。

作战性能

⊕ Me 163战斗机后侧方视角

Me 163在无动力状态时，是一架无水平尾翼滑翔机。机身细小，在机头有一个连接发电机的小螺旋桨，当它飞行时会被流过机身的气流带动而转动从而产生提供全机的电力。

Me 163使用高毒性和高腐蚀性的两种液体作为火箭发动机的燃料，主要是甲醇和过氧化氢的化学反应从而生成向后喷射的水蒸气，产生向前的反作用力。其火箭发动机推力虽大但是持续作用时间很短，这两种化学剂都很危险，若互相化合的分量略多都会引起大爆炸，甲醇又会挥发从而在驾驶舱积聚成毒气，故飞行员需全程戴上氧气面罩，除了供氧还可以防止吸入有毒的甲醇气体。Me 163和其他飞机最大的差异之一就是在拦截轰炸机之后到降落为止多半是处于燃料用尽的滑翔阶段。

Me 163在翼根处安装一门30毫米口径MK-108航空机炮，两门机炮各有60发弹药，对于轰炸机的破坏力相当强。然而，Me 163的高速缩短飞行员的瞄准时间，30毫米弹头也需要累积命中数发才有机会击落诸如B-17一类的大型目标，因此Me 163的机炮实际效果有限。

Me 163战斗机头部特写

实战表现

德国是唯一使用火箭战斗机的国家，也是唯一利用火箭战斗机拦截轰炸机的参战国，但却不是唯一使用火箭飞机的参战国。Me 163的高速与火箭发动机产生的烟雾效果，在刚出现于战场时给美国轰炸机与护航的战斗机带来很高的震撼与心理压力。透过战场上的情报和经验，美军发现Me 163的速度虽高，可是滞空时间很短，爬升通过轰炸机编队之后就要俯冲脱离，以无动力滑翔返回基地降落。尤其是在进入降落阶段，这时候Me 163无法进行闪躲或者是以速度避开美军战斗机的攻击。Me 163对于盟军的心理效果远大于实际上的威胁，到了1945年德国空军一共有300架Me 163部署于各地的机场。

红色涂装的Me 163战斗机

Me 262战斗机

长度	10.6米	最大起飞重量	6400千克
翼展	12.6米	最大速度	900千米/小时
高度	3.5米	最大航程	1050千米

Me 262是德国梅塞施密特（Messerschmitt）飞机公司于二战期间所设计的一款喷气式战斗机，是人类航空史上第一种投入实战的喷气机。

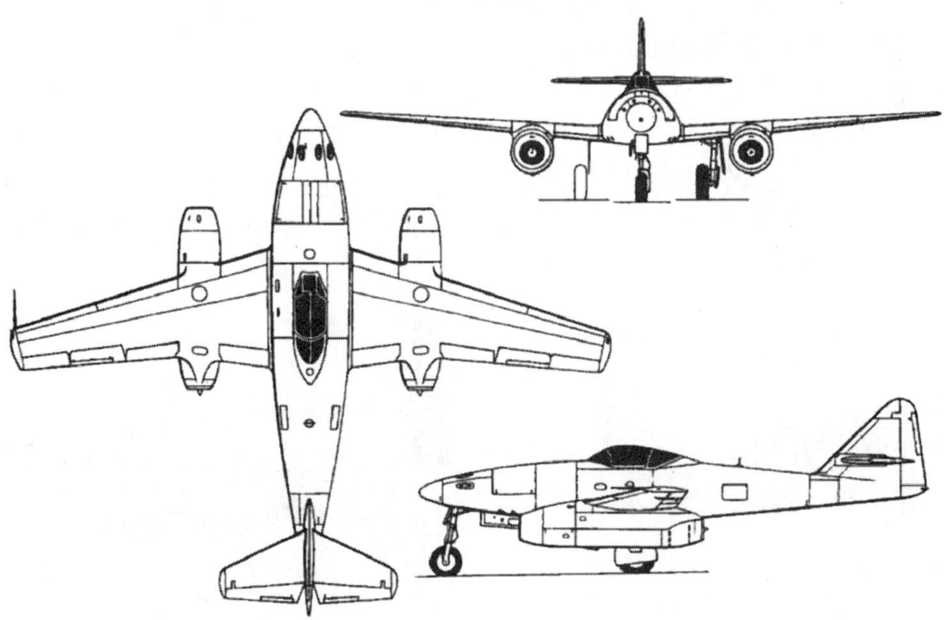

Ⓐ Me 262战斗机三视图

研制背景

建造中的Me 262战斗机

1935年，德国空气动力学家阿道夫•布斯曼提出了后掠翼（前、后缘向后伸展的机翼，呈锥形，可有效提高飞机的飞行速度，缩短起降距离）的概念。1940年，德国飞机设计师威利•梅塞施密特对这一概念做了进一步研究，并开始设想将后掠翼这一概念运用到实际飞机中。之后，梅塞施密特在二战后期成功研制出了Me 262喷气式战斗机。

生产车间中的Me 262战斗机

作战性能

Me 262喷气式战斗机是一种全金属半硬壳结构轻型飞机，流线形机身有一个三角形的断面，机头集中装备4门30毫米机炮和照相枪。半水泡形座舱盖在机身中部，可向右打开。前挡风玻璃厚90毫米，具备防弹能力。近三角形的尾翼呈十字相交于尾部，两台喷气发动机的短舱直接安装在后掠的下单翼的下方，前三点起落架可收入机内。战后，苏联和美国都掳获了很多完整的Me 262，并以此为基础，发展了多种性能优越的喷气式飞机。

基地中的Me 262战斗机

待命中的Me 262战斗机

实战表现

德军飞行员与Me 262战斗机

1941年4月，Me 262 V1首次展示在人们的视野。它安装了2具BMW 003喷气发动机，不过，由于该发动机还处于研制阶段，所以Me 262 V1还额外安装了1具Jumo 210活塞发动机，以便在BMW 003喷气发动机出现故障后，飞行员能够启动Jumo 210活塞发动机着陆。

Me 262战斗机战斗群

1942年3月，试飞员弗里茨•温德尔驾驶安装了3具发动机的Me 262 V1升空。升空不久后，两具BMW 003喷气发动机突然熄火，最后温德尔发动备用的Jumo 210发动机，这才化险为夷，安全着陆。之后，梅塞施密特对Me 262 V1做了几次改进，并用Jumo 004喷气发动机取代了BMW 003喷气发动机，改进后的新型飞机为Me 262 V3。同年7月，温德尔驾驶Me 262 V3试飞，虽然Jumo 004比BMW 003可靠得多，但仍存在缺陷。另外，由于当时德军经费紧张，所以该飞机不能量产。直到1944年，战争接近尾声，战场局势紧迫，Me 262才正式投入生产。虽然基于各方面的原因，使得Me 262在二战中未能完全发挥其性能优势，不过德军飞行员驾驶它在战争期间取得了击落约509架敌机、自损100架的战绩。另外，该机采用的诸多革命性设计对战后战斗机发展产生了非常重大的影响。

Me 262战斗机驾驶室特写

Bf 109战斗机

长度	8.95米	最大起飞重量	2630千克
翼展	9.93米	最大速度	640千米/小时
高度	2.6米	最大航程	850千米

Bf 109是德国梅塞施密特飞机公司设计的一款战斗机，曾是德军在二战中的主力机型。战争期间，此机衍生机型非常多，包括战斗轰炸机、夜间战斗机和侦察机等，总数量达33984架，是历史上生产数量最多的战斗机。

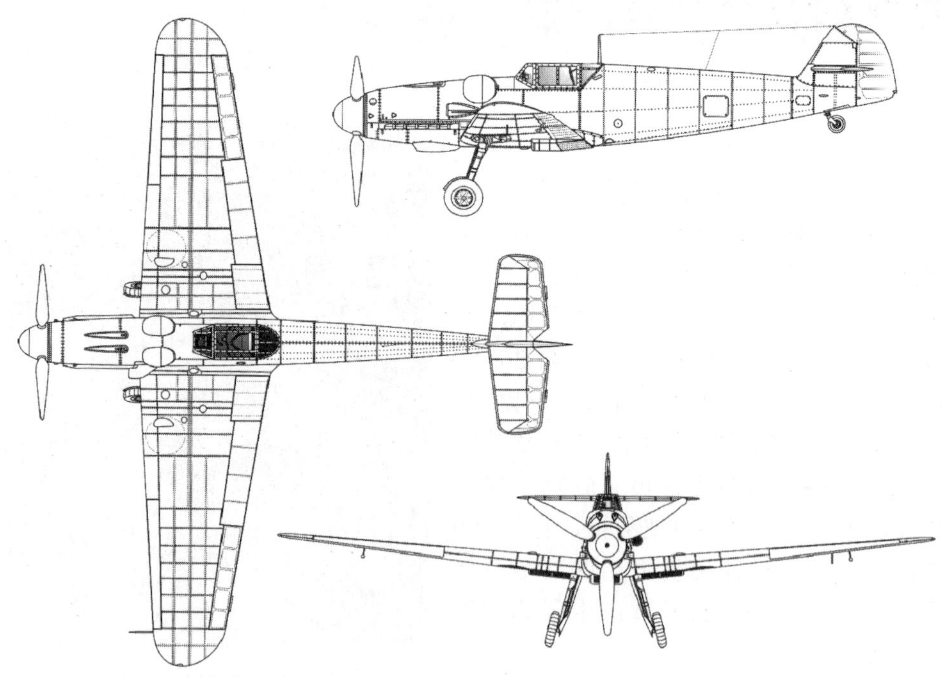

↑ Bf 109战斗机三视图

生产车间中的Bf 109战斗机

德国空军的地勤人员正移动一架Bf 109战斗机

20世纪30年代，希特勒为实现侵略扩张计划，开始大力扩建空军。要建立一支强大的空军，性能优良的战斗机是必不可少的条件。因此，希特勒要求德国飞机公司按军方的要求提出一种新型战斗机的设计方案。几家飞机公司中，梅塞施密特飞机公司提出了一款单翼高速战斗机——Bf 109战斗机的设计方案，并且通过了军方的审核。

休闲时刻的德军空军士兵与Bf 109战斗机

1934年，梅塞施密特飞机公司组建了一支设计小组，并以轻巧的机体加功率强大的发动机作为基本设计导向。由于其设计思想在当时太先进了，以至空军技术室负责人乌迪特（一战中德国排名第二的王牌飞行员）看到Bf 109的设计蓝图后也不太相信自己的眼睛，认为这是不可能完成的战斗机。1935年9月，在大批德国空军技术人员的注视下，首次升空试飞的Bf 109飞向蓝天。在只临时装有一台克列斯特里尔发动机的情况下，Bf 109的飞行时速竟达497千米，这一点是当时其他公司的飞机所无法媲美的。最后，在经过其他一系列的测试后，Bf 109完胜其他竞争对手，被选中担任空军主力战斗机。

作战性能

Bf 109用到了许多在当时最新最先进或者说最前卫的技术，包括下单翼、全金属蒙皮、窄机身、可回收起落架和封闭式座舱等。虽然这些技术已经分别在别的机型上得到了验证，但从未被集中起来运用过。毫无疑问，梅塞施密特飞机公司冒了极大的风险，更确切地说，是孤注一掷。

Bf 109战斗机驾驶室特写

Bf 109在外观上采用了更多的直线修形，在构造上合理选用了高强度薄铝板和精密压铸件，这反映出当时德国工业技术的先进水准。为保证有一个较大的平飞迎角，Bf 109主起落架（前主轮）一对长长的支柱特意装在翼根处，但造成横距过窄的缺点，在野战跑道起降时飞机容易倾翻。它的射击武器安装在机头上部和机翼前缘，一般配备两炮两枪。

高空中的数架Bf 109战斗机

Bf 109战斗机战斗编队

实战表现

高空格斗中的Bf 109战斗机

自诞生起，Bf 109战斗机就参与了众多空战，其飞行速度、高度以及火力、防护等都非常出众，使得它在二战爆发前和二战初期几乎没有敌手。不过，美国P-51“野马”等战斗机的出现，打破了这一格局。但Bf 109战斗机并没有因此而在德军除役，在梅塞施密特飞机公司的改进下，它仍服役至战争结束。这期间，Bf 109战斗机是德国空军的骨干力量，在所有的战场服役，并装备了轴心国欧洲盟国的空军。

德军士兵正在修理Bf-109战斗机

Bf 110战斗机

长度	12.3米	空重	4500千克
翼展	16.3米	最大速度	560千米/小时
高度	3.3米	最大航程	2410千米

Bf 110（Messerschmitt Bf 110）是二战纳粹德国空军使用的双引擎重型战斗机。

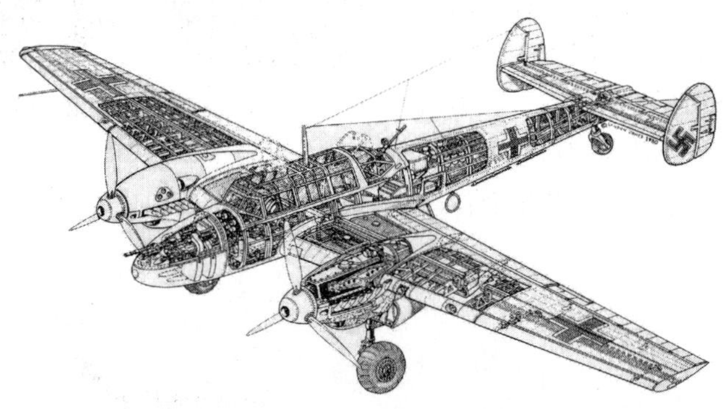

Bf 110战斗机结构图

研制背景

20世纪30年代，德国空军处于从双翼机转型为单翼机的过渡期，其战斗机大多为单引擎飞机，且都有航程过短的问题。因此在德国航空部赫尔曼・戈林推动与要求下决定开发一款新式复座型战机，将其称为“驱逐机”，性能特征包括：长距离航程、内置弹舱，此外明确要求要有2具引擎、3名乘员和全金属的单翼机，武装需有机炮与炸弹。在德国的7家航空飞机公司中只有3家达到了要求，分别为梅塞施密特、福克-沃尔夫和海塞勒。最终由梅塞施密特公司的Bf 110战斗机胜出，获得了可建造数架原型机的资金。

⊕ Bf 110战斗机后侧方视角

作战性能

Bf 110是一架全金属结构，半硬壳机身的低悬臂梁单翼飞机，配有2个方向舵与2具DB 600A发动机，机翼具有前沿槽孔设计。Bf 110战斗机主要的特点是在于可以装配更强的武装系统。早期版本主要是在机鼻上半部装配4挺7.92毫米MG 17机枪，同时在机鼻下半部装配2门20毫米MG FF/M机炮。后期版本的G系列中，是将MG FF机炮换装成更具威力的20毫米MG 151/20机炮；特别针对攻击盟军轰炸机的Bf 110驱逐机，配置30毫米MK 108机炮来替换掉MG 17机枪。防御性武装则装配了1挺可动7.92毫米MG 15机枪。后期的F系列与G原

⊕ Bf 110战斗机前侧方视角

⊕ Bf 110战斗机飞越匈牙利布达佩斯的上空

型机则是装配1挺高射速的7.92毫米MG 81机枪。

实战表现

Bf 110在波兰战役、挪威战役与法国战役中均表现优秀，但在夺取英伦三岛制空权的不列颠空战中完全暴露出其敏捷性低劣的问题，导致许多的Bf 110飞行联队损失惨重，被迫退出日间作战改任为夜间战斗机，同时被拿来做战斗轰炸机为德国陆军提供密接支援。战争后期，Bf 110被改良成一款专职的夜间战斗机，成为夜战部队的主力。大战期间德军大部分的夜战部队都是以驾驶Bf 110为主，其中也包括夜间空战英雄海因茨·沃夫冈·施瑙佛，他参与了164次空战并击落了121架敌机。

正在加油的Bf 110战斗机

机鼻有鲨鱼嘴涂装的Bf 110战斗机

He 100战斗机

长度	8.2米	空重	1810千克
翼展	9.4米	最大速度	670千米/小时
高度	3.6米	最大航程	1010千米

He 100战斗机是德国在二战前设计的一款战斗机，为了区别于早先所生产的十架原型机，这批飞机便被称为He 100D-0型，也有称其为“零系列”的。

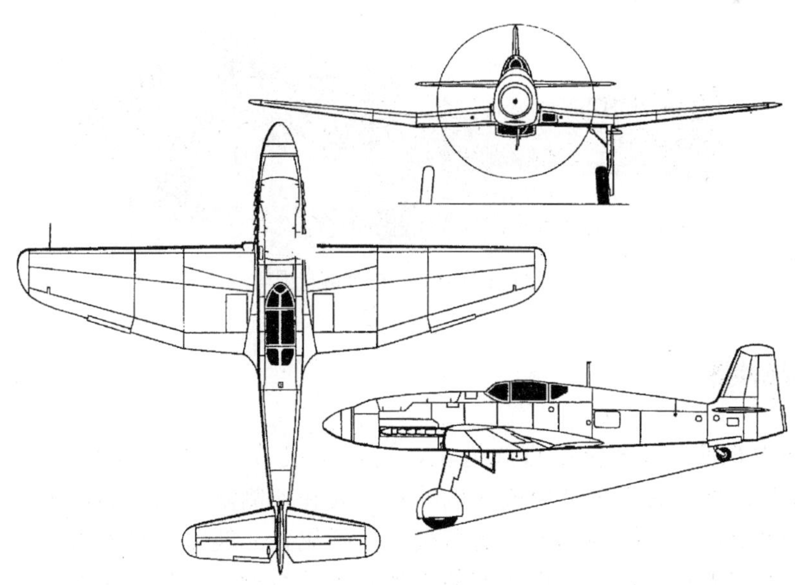

Ⓘ He 100战斗机结构图

研制背景

高空飞行的He 100战斗机

1933年纳粹德国空军要求有新式战斗机去取代旧式的He 51双翼战斗机，当时有4家公司参与设计投标，最后只剩下梅塞施密特的Bf 109战斗机和亨克尔的He 112，后来由Bf 109胜出，He 112落败的其中原因是速度不及Bf 109和其机身以曲线构成而不利生产，1936年纳粹德国空军虽然宣布采用Bf 109但也宣布需要另一种比之更先进的战斗机，这次亨克尔吸取了He 112的教训，还取了100作为幸运号码称为He 100。

1938年1月22日，He 100试飞成功，各方面都合格唯独是稳定性不足，亨克尔为此修改了垂直尾翼的形状由三角形改成近似长方形并加大面积。1939年3月30日改用较短翼展的He 100V-3号原型机更飞出746.6千米/小时的世界纪录，但德国空军对此仍不动心没有下大量订单，He 100只生产了25架，其中6架被卖到苏联，日本也曾买了3架He 100，其余的成为亨克尔工厂的防空战机。

He 100战斗机前侧方视角

作战性能

He 100战斗机全机以直线为主，这样不仅节省工时，同时也能加速生产。除此之外，其主翼被分成内侧的水平翼和外侧略为上反的机翼，其翼展比Bf 109更短以求提高速度，起落架（包括尾轮）能完全收入机内，水平尾翼不设外部支柱，发动机直接安装于加固的前机身，省略了支架。在进行地面起落时，He 100采用一个小型的可伸缩式散热器，而飞行时，则采用一个由12个小泵推动的主翼面冷却系统，流过发动机的冷却水是在加压管中，这样其水温可达摄氏110度，当冷却水流到主翼时是在常压管当中，冷却水变成水蒸气（由于温度已达摄氏110度），热量在整个主翼面消散，当水蒸气失去热量后又变回水再次循环，由于水蒸气比水能带走更多热量，故散热效果更好而且省略了散热器；缺点是作为战斗机一旦主翼中弹，整个系统就会失效。

⊕ He 100战斗机侧方视角

He 112战斗机

长度	9.22米	空重	1617千克
翼展	9.09米	最大速度	510千米/小时
高度	3.82米	最大航程	1150千米

He 112是亨克尔公司在1934年应德国空军的“高速邮政机”需求（后来改为“轻型运动机”，这是为了回避凡尔赛条约）而研制的战斗机。

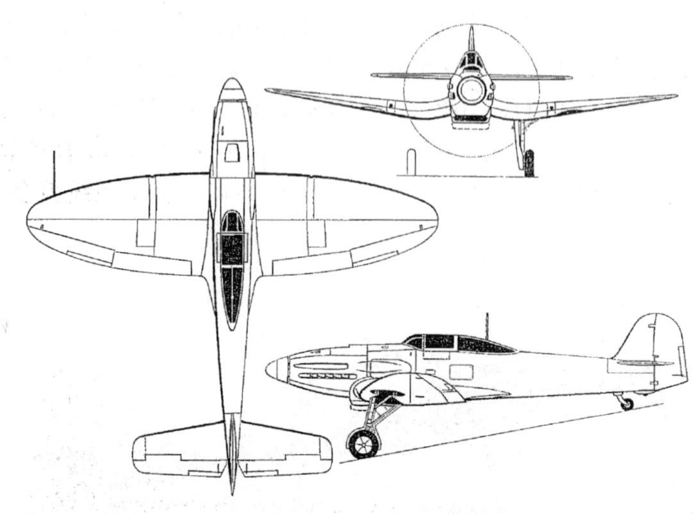

He 112战斗机结构图

研制背景

1934年初，致力于重建工作的德国空军向国内各大飞机制造企业招标研制一种新型战斗机。最终共有四家公司交出了自己的设计，他们分别是福克·沃尔夫公司的Fw159，阿拉道公司的Ar80，BFW公司的Bf 109以及亨克尔公司的He 112。

He 112战斗机后侧方视角

1936年2月8日，He 112原型机和开始与主要对手Bf 109作各种比拼，Bf 109在速度上胜过He 112，但是He 112在水平转弯上略胜一筹，空军部决定再各生产15架原型机作对比，但最后仍是由Bf 109胜出作为德国空军的主力战斗机，He 112失败的主因除了速度不及Bf 109之外，He 112的机身主要由曲线组成，这令它不易生产，而He 112原型机改动太多也是其落败的主因，而这批早期型的He 112被统称为He 112A。

作战性能

He 112机身截面为两侧较扁平（尤其是在引擎部分）的蛋形，前部机身的线条比较平直，但后机身却收缩得很厉害。机翼采用有着半圆形翼尖的长方形。内翼段与机身水平，约占总长三分之一的外翼段则向上折起。内翼段较厚，前后缘基本平行，不过外翼段的机翼前缘却有点后掠，而后缘又明显有个前掠角，整个形状更接近梯形。襟翼布置在内翼段的后方，副翼则被安排在外翼段的后缘，从外翼段的二分之一处一直延伸到翼尖。主起落架可以向内侧收入机翼中段，尾轮在飞行时同样可以收起并加以完全覆盖。

He 112在二战时期是飞得最快的飞机之一，曾一度准备冲击飞行速度的世界纪录。但其不足之处在于飞机设计非常复杂，且不容易维护和保养。

He 112战斗机前侧方视角

He 112战斗机后侧方视角

实战表现

德国曾把12架原本要出口到日本的He 112B去应付苏台德区危机，危机后也把此12架运给日本，亨克尔公司把数架He 112B作为自己工厂的防卫战机，其后被He 100战斗机取代。

西班牙佛朗哥阵营在西班牙内战后期购买了12架He 112B，1939年1月20日，He 112B击落了一架共和军的I-16战斗机，由于它们主要执行对地攻击任务，因此这是He 112B在西班牙内战当中唯一的空战战果。

He 112战斗机前方视角

He 162战斗机

长度	9.05米	空重	1663千克
翼展	7.2米	最大速度	790千米/小时
高度	2.6米	最大航程	620千米

He 162是德国于二战期间第二架量产的喷射战斗机，因其设计简单，所以能够大量生产以配合飞行员拦截美国的轰炸机群。

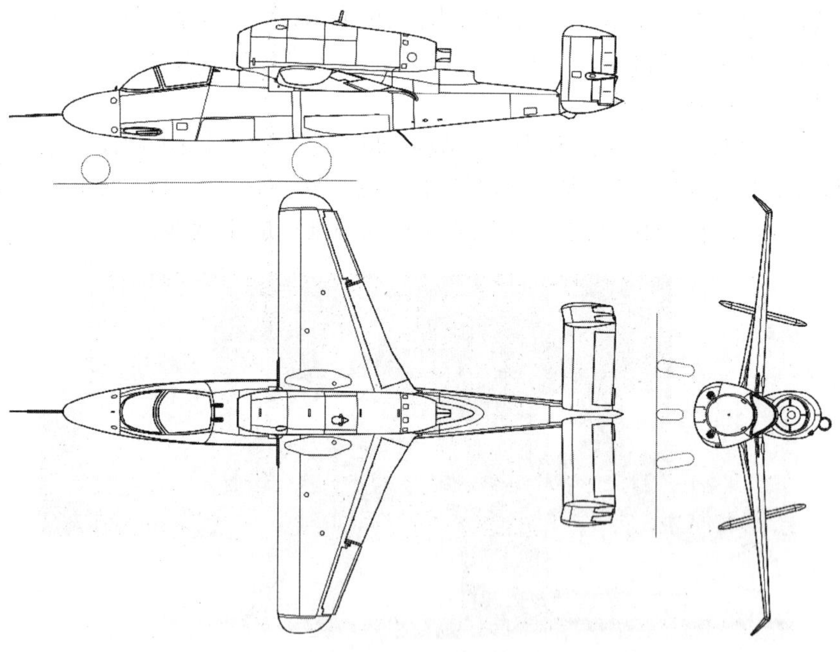

⊕ He 162战斗机结构图

研制背景

20世纪40年代，纳粹德国提出一项轻型战斗机研发计划，这一架战斗机将以喷射发动机为动力，空战时的重量不超过2000千克，构造简单以便大量生产，装备一到两门30毫米机炮，只需要接受过简单飞行训练的人员就能够操作与战斗。这个设计案于1944年9月初送交各飞机设计公司评估，包括当时战斗机总监阿道夫·加兰德在内等多人都认为这项计划不切实际，但是纳粹党和德国空军总司令戈林仍然在9月底决定由各航空飞机公司设计案中挑选一架进入量产。最后选定以亨克尔厂的P.1073设计案获选。

He 162 V1于1944年12月6日进行首次试飞，在空中飞行20分钟之后降落，检查时发现飞机一边的主起落架舱门整个被气流吹走。12月22日第二架原型机试飞时发现横轴与中轴两个方向上的飞行稳定性不够，必须加大两片垂直安定面的面积与向中央倾斜55度。此外飞行时有机头上仰的现象，必须加装配重以抵消这种趋势。

He 162战斗机侧前方视角

1945年年初，He 162已经有100架原型和量产型出厂，大规模生产计划也进入成熟阶段，可是飞行员训练进度加上燃料短缺，使得He 162并没有实现规划中的大量飞行员来操作，到了二战结束时这架战斗机并未发挥原先设计的功能，也没有确切的作战记录。

在法国的He 162战斗机

作战性能

He 162的前起落架是借用自Ju 88轰炸机，而主起落架是借用自Bf 109战斗机。由于设计时间太少，He 162存在不少问题，其中一个是侧滑问题，若侧滑超过20度，发动机喷射会吹到一边方向舵上而令其不到位，影响其水平

稳定性；另一个问题是容易失速，若失速的话唯有弃机跳伞，但弹射椅设计又有问题，弹射时飞行员要缩回双腿，否则会发生被切腿的惨剧。

⊕ He 162战斗机侧方视角

He 219战斗机

长度	15.5米	最大起飞重量	13580千克
翼展	18.5米	最大速度	616千米/小时
高度	4.4米	最大航程	1540千米

He 219是一架服役于二战末期纳粹德国空军的夜间战斗机，是全世界第一款安装弹射座椅的军机，更是德军在二战期间第一款投入应用的前三点式起落架的军机。

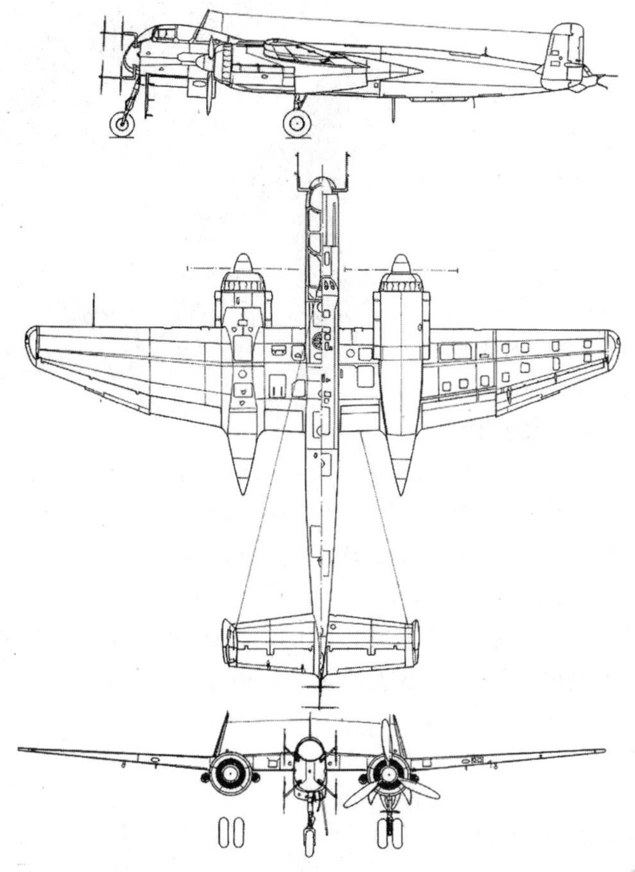
He 219战斗机结构图

研制背景

1940年7月17日，德国空军成立了第一个夜间战斗机师，指挥官是约瑟夫·卡姆胡贝尔少将。亨克尔公司在1940年8月向德国航空部技术局递交了一种多用途飞机的技术文件，代号P.1055项目。计划主要来自于罗伯特·卢瑟的构思。卢瑟当年刚从梅塞施米特公司回到亨克尔公司，接替在他之前的技术和发展部门总监海因里希·赫尔茨。P.1055计划概念主要来源于20世纪30年代中期

He 219战斗机与空军人员合影

存放在博物馆内的He 219战斗机

的He 119侦察/轰炸机。恩斯特·亨克尔希望制造出当时最先进的飞机来证实自己公司的实力，为将来更多的空军合同打下基础。所以P.1055项目使用了许多当时最为复杂和先进的高科技。

1941年8月，航空部技术局做出了最后决定。P.1055项目"不适合大规模生产"，给出的理由是它采用的引擎安排方式没有经过验证以及过多使用未经实际考验过的先进技术。为了挽回损失，亨克尔又一次把P.1055项目改为P.1060项目，并迅速完成了设计图纸。

1941年后期，英国皇家空军的夜间轰炸机群已经发展到了非常强大的地步。德国部队急需速度快、机动好、火力猛的新型夜间战斗机。而P.1060的卓越性能正是夜间战斗机部队梦寐以求的。卡姆胡贝尔将军立即要求与亨克尔公司签订一个发展合约，并迅速指派一个相应型号代号——He 219。

作战性能

He 219战斗机侧前方视角

He 219具有相对复杂与创新的设计，包括安装先进的拦截型雷达。He 219速度快、操作灵活、具备毁灭性的火力配置。它是德军唯一可以在各方面都足以抗衡英国德·哈维兰公司"蚊"式飞机的活塞式夜间战斗机。加上它所拥有的许多先进设备（遥控炮塔、视线良好的增压座舱、德军第一架装备前三点式起落架的实用作战飞机、世界上第一架安装弹射座椅的作战飞机）、不同寻常的初次作战、奇特的作战经历、众多的改型，使He 219成为了德国空军最优秀的夜间战斗机种。

实战表现

1943年6月11至12日夜晚，华纳·史崔伯驾驶的V9原型机在着陆坠毁之前，在凌晨1点到2点之间成功地击落5架轰炸机。根据夜战部队宣称，在接下来10天之内3架He 219预产机总共击落20架英军战机，其中包括6架“蚊”式战斗轰炸机。这对卡姆胡贝尔将军而言无疑是莫大的鼓舞，他随即要求继续生产该机。但是英军那边没有证据或记录可以支持德军在那段时间内击落6架“蚊”式战斗轰炸机的战果。

ⓘ He 219战斗机模型图

Fw 190战斗机

长度	10.2米	最大起飞重量	4900千克
翼展	10.5米	最大速度	685千米/小时
高度	3.35米	最大航程	835千米

Fw 190是德国在二战期间所使用的一款战斗机，当时与Bf 109战斗机同为德军两大主力机种之一。它的后期型号性能与盟军优秀战斗机不相上下，因此，被视为二战期间最优秀的战斗机之一。

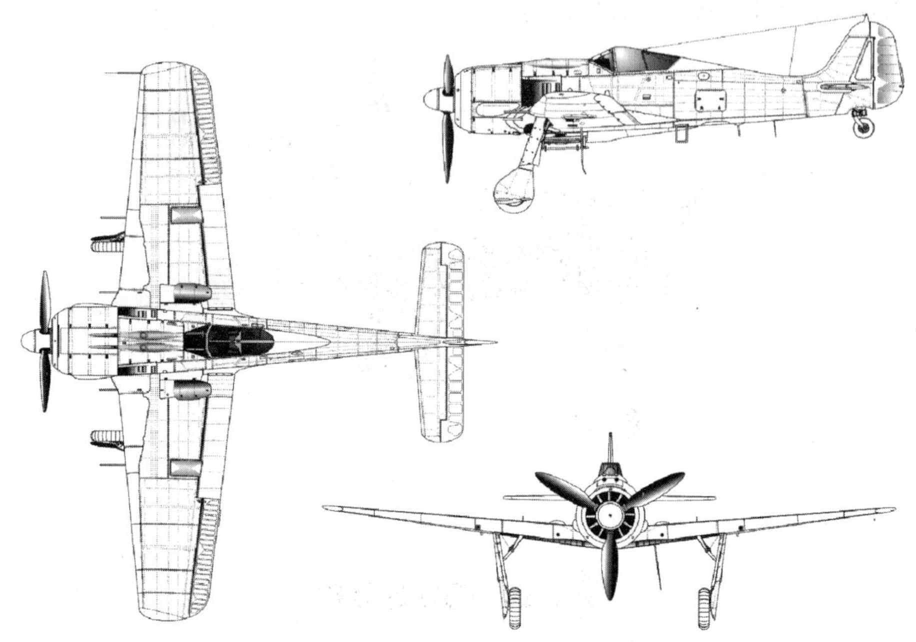

Fw 190战斗机三视图

研制背景

一架停放在机场的Fw 190战斗机

一战结束后，各国都深知制空权的重要性，也因此大力发展空中武器。20世纪30年代，在希特勒的侵略扩张计划中，梅塞施密特飞机公司为德国军方打造了Bf 109战斗机。30年代中期，军备竞赛的趋势日益明显，德国只有Bf 109这一种主力战斗机，而其他军事强国至少有两款以上的高性能战斗机，因此德军无法在空中立足。鉴于此，1937年，德国库尔特·谭克博士向军方提交了Fw 190战斗机设计方案。该方案在1939年通过审核，尔后开始做出实际行动。

Fw 190战斗机侧视图

作战性能

工作人员正在为Fw 190战斗机挂载炸弹

Fw 190战斗机采用当时螺旋桨战斗机的常规布局：全金属下单翼、单垂尾、单发布局，全封闭玻璃座舱，可收放后三点式起落架。其采用14汽缸BMW 801发动机，这种发动机容易过热，外加机械增压器的技术不足，使得Fw 190的高空性能不佳，始终无法取代Bf 109的地位。

一架在车间外进行测试并改进的Fw 190战斗机

实战表现

1941年，Fw 190战斗机首次参战，面对它们，英国空军感到非常棘手，不得不派出“喷火”9型加以对抗。值得一提的是，“喷火”系列战斗机是英国在二战中最重要、也最具代表性的战斗机，战争中其转战欧洲、北非与亚洲等战区，担负着英国维持制空权的重大责任。

↑德军飞行员与Fw 190战斗机合影

在无数次阻击盟军大规模空袭编队的空战中，Fw 190战斗机的飞行员们采用了由马依雅大尉首创的冒险战术：与敌机群同高度迎头接近，以尽量减少被击中的机会，在靠近目标时集中开火，然后大机动拉杆向上脱离。这种战术让盟军吃了不少亏，例如1942年，美国第8航空队曾27次空袭德国本土，共出动1302架次，被击落29架；1943年又发动34次空袭，出动3935架次，被击落154架。这种情况同样出现在英军的轰炸部队。

↑一架在基地中休整的Fw 190战斗机

↑博物馆中的Fw 190战斗机

Ta 152战斗机

长度	10.82米	最大起飞重量	5217千克
翼展	14.44米	最大速度	760千米/小时
高度	3.5米	最大航程	1200千米

Ta 152战斗机是德国在二战末期由Fw 190战机发展而来的一种高空战斗机，其性能非常优秀，与美国P-51“野马”、英国“喷火”一起被誉为终极活塞式战斗机。

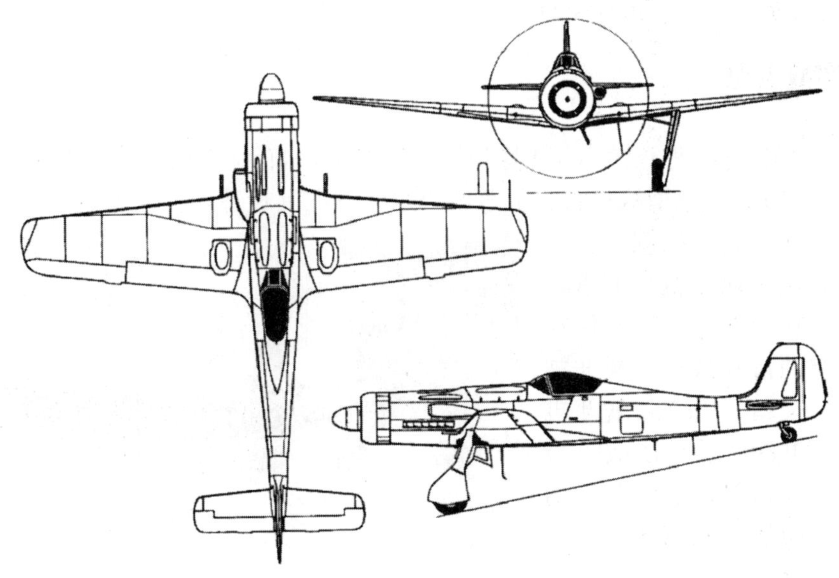

⊕ Ta 152战斗机三视图

研制背景

Fw 190战斗机服役后，德国空军并不满足于只有一款高尖端战机。为此，德国一些飞机公司一方面在努力研发新型战机，另一方面也在对现有的Fw 190战斗机进行改进。1940年底，福克-沃尔夫公司在库尔特·谭克的领导下开始改进Fw 190战斗机。后经过一段时间的努力，最终形成了Ta 152战斗机。

一架等待测试的Ta 152战斗机

高空飞行的Ta 152战斗机

作战性能

Ta 152战斗机是以Fw 190为基础改进的，它强化了超高空的飞行性能。与Fw 190战斗机的主要区别是，Ta 152战斗机换装了超高空用的发动机、增压座舱以及大纵横比的机翼。此外，为了加强武装，Ta 152战斗机的机体螺旋桨轴内装备了机炮。

实战表现

Ta 152战斗机于1945年1月开始列装参战，直到战争结束，最终生产总数不到150架。该型战机直到战争结束也没有在其设计初衷的领域一展身手，没有一次在高空拦截过盟军的轰炸机和侦察机。但事实证明，Ta 152战斗机即使在中低空的格斗战中一样非常优秀。装备了Ta 152战斗机的德国JG301联队在战争最后的两个月里，面对盟军的绝对空中优势取得了一定的成绩。

执行任务中的Ta 152战斗机

Ju 86轰炸机

长度	17.87米	最大起飞重量	8200千克
翼展	22.5米	最大速度	385千米/小时
高度	5.06米	最大航程	1500千米

Ju 86是德国容克飞机公司（Junkers）设计生产的一款高空轰炸机（也可做侦察机），在二战期间，它将柴油机的性能发挥到了极致。

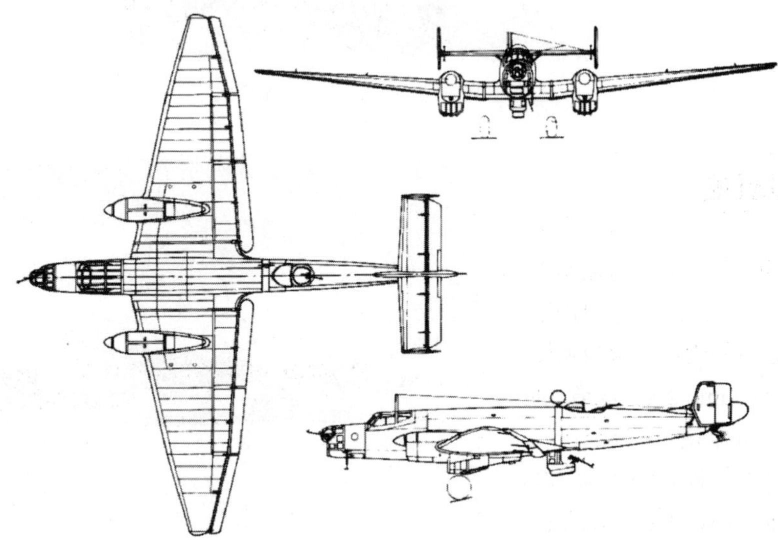

↑ Ju 86轰炸机三视图

研制背景

基地汇总的Ju 86轰炸机

20世纪30年代，德国空军战斗机的性能比较突出，数量也比较多，相比之下，在轰炸机方面略为缺乏。德国空军意识到这一点后，制订了“未来中型轰炸机”的发展方针，对轰炸机做出了几点要求：在装载1000千克炸弹时，作战半径为450千米以上；首要的性能要求是飞行速度和载弹量，自卫武备和航程居于其次。之后，容克飞机公司、亨克尔飞机公司和道尼尔飞机公司的产品都被选中，其中容克飞机公司被选中的正是Ju 86轰炸机。

生产车间中待飞中的Ju 86轰炸机

作战性能

待飞中的Ju 86轰炸机

Ju 86是一款多用途双螺旋桨飞机，具有军用轰炸机、侦察机等多种用途，乘员4人，使 用2台Jumo 205C-4柴 油发动机，最高航速385千米/小时，最大航程1500千米，配备3挺MG42式7.92毫米机枪，可装载炸弹800千克。

Ju 86轰炸机头部特写

实战表现

Ju 86轰炸机最高升限一度达到12000～14000多米，不管是皇家空军的重型高炮，还是皇家空军的战斗机，没有一种能够达到这种飞行高度。这使得该机在一段时间内毫无对手，直到1942年8月24日，“不可能被击落”的神话才被“喷火”战斗机打破。

Ju 86轰炸机编队

高空中的Ju 86轰炸机

Ju 87轰炸机

长度	11米	空重	3205千克
翼展	13.8米	最大速度	390千米/小时
高度	4.23米	最大航程	500千米

Ju 87是二战纳粹德国空军投入使用的一种俯冲轰炸机，一般统称“斯图卡”（Stuka）。

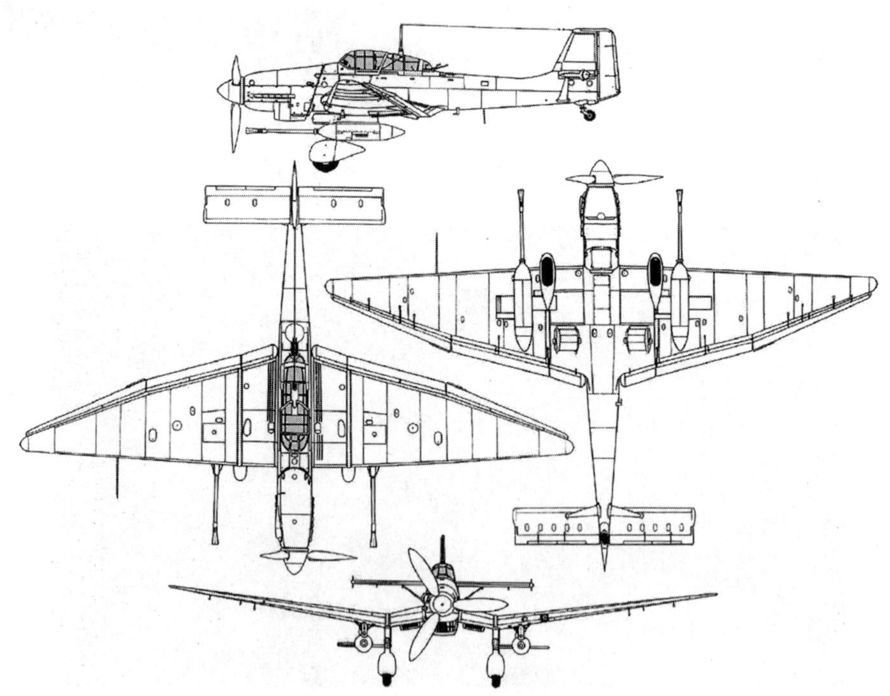

Ju 87轰炸机结构图

研制背景

1933年希特勒掌权后，德国便开始大力发展军备，以抵抗《凡尔赛条约》施加于德国身上的军事限制，而空军就是德国首先发展的一环。在政府的大力推动下，各家飞机制造商也开始加入军用飞机的研发行列。其中，容克公司研发的Ju 87型俯冲轰炸机，其陡斜的俯冲角度、精准的投弹以及简易的操作，皆受到飞行员及德国空军部的青睐。Ju 87轰炸机被德国空军广泛使用，于1935年开始投入使用，直至二战结束。

Ju 87轰炸机侧方视角

Ju 87轰炸机前方视角

作战性能

Ju 87属于单引擎的全金属悬臂梁单翼机，具有固定式起落架并可搭载2名飞行员，主要结构金属与蒙皮皆用杜拉铝，至于如襟翼等需要坚固结构的区域则是由合金所组成，而需要承受强大应力的零件与螺栓则使用钢铁铸造。

Ju 87轰炸机正在安装机翼

Ju 87机体是卵型横切面并且安装一具水冷式V型直列发动机。驾驶舱的部分利用设置于机翼中段前的防火墙将其与引擎隔开，在驾驶舱后方的舱壁由帆布覆盖住，配置的目的是让组员可在紧急状况下破坏舱壁以利逃脱，座舱罩则是由两块耐热树脂玻璃与一组强而有力的钢制框架组合而成，两个成员都有各自的滑盖。

实战表现

1936年，3架Ju 87加入了西班牙内战中佛朗哥的“秃鹰”军团。通过实战，德国空军完成了Ju 87的实战检验。

1939年9月1日，3架Ju 87在波兰进行二战的第一次轰炸。战争第一天，Ju 87主要用于攻击波兰的机场，击毁机场上停放的飞机。随后，Ju 87主要配合德军地面部队向前推进，摧毁波军的集结地和防御支撑点，取得了良好的效果。

1940年4月9日德国对挪威与丹麦发动了“威瑟演习作战”入侵，丹麦很快就宣告投降，而挪威方面则寻求英法的支援以抵抗德国的入侵。进攻挪威的行动因为当地的山区地形而排除了先前由空中力量与装甲兵的“闪电战式”协同作战，而是凭借Ju 52运输机与滑翔机空降其空军伞兵部队“空降猎兵”与特种滑雪部队。Ju 87在此战役中主要是担任对地攻击与反舰的角色，并被证明为德国空军中最适合执行后者任务的机种。

↑ 即将完工的Ju 87轰炸机

↑ Ju 87轰炸机战斗群

Ju 88轰炸机

长度	14.85米	最大起飞重量	14000千克
翼展	20米	最大速度	360千米/小时
高度	4.85米	最大航程	1580千米

Ju 88是二战时纳粹德国空军所使用的双活塞式引擎中型军用机，是德国标准战斗飞机之一。

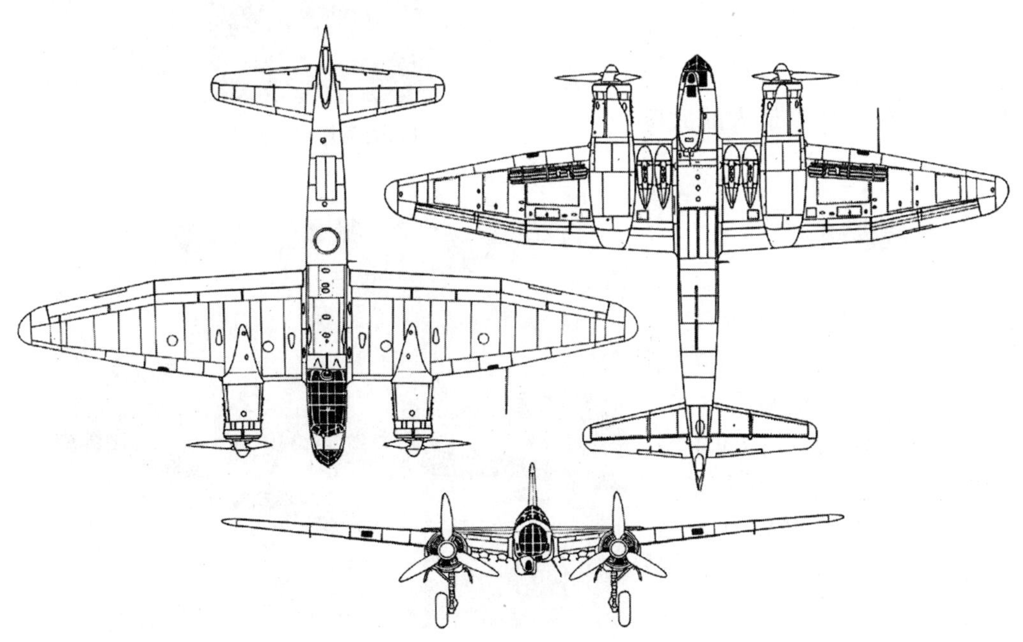

↑ Ju 88轰炸机结构图

研制背景

1935年8月，德国航空部认为空军需要一种三人座、可挂载800～1000千克炸弹的高速轰炸机。容克斯在1936年6月进行初步设计并且建造出5架原型机，这5架照惯例采用向后收回的起落架，但第6架则采用新型单脚起落架，可扭转90度收回机身与美军P-40战斗机完全相同。这项特征在主起落架回收机轮时能收至支架下端之上，并成为所有Ju 88标准配备。

⊕ Ju 88轰炸机战斗群

尽管在开发过程受到种种的延误，但二战期间德国总共生产了14882架Ju 88，其生产数量远超过德国任何其他双引擎军用机。Ju 88成为德国空军的宝贵资产，也是德军在二战中最大的武器生产计划之一。

⊕ Ju 88轰炸机头部特写

作战性能

Ju 88单脚起落架支柱内部安装有杯状弹簧垫圈作为起降的主要减震方式，原本Ju 88准备定位成重型俯冲轰炸机同时将主翼给予强化并且安装俯冲制动器，机身予以延长并将乘员增加为4名。尽管有这些改良，Ju 88在战争中还是

⊕ Ju 88轰炸机侧方视角

被定位成中型轰炸机。在螺旋桨的后方安装了环状散热器作为Ju 88的引擎冷却系统，同时也将机油冷却器与引擎冷却装置整合至环状散热器内，其设计目的是为了将冷却液的管路缩到最短。Ju 88最初目标是作为快速轰炸机与俯冲轰炸机，但后续的多种改进使它成为长程轰炸机、鱼雷轰炸机、水雷布雷机、海面或长程侦察机、气象观察机、战斗轰炸机、驱逐机、夜间战斗机、坦克杀手、地面攻击机等角色，在战争末期甚至曾改装为飞行炸弹。

保存在博物馆的Ju 88轰炸机

实战表现

二战开始后的第三周，Ju 88执行了第一次任务。1939年9月26日，赫尔姆特·波勒（Helmut Pohle）上尉率领4架Ju 88自瑟特机场出发．攻击由战列舰“胡德”号（Hood）、“声望”号（Renown）以及航空母舰“皇家方舟”号（Ark Royal）所组成的小型舰队。除一枚炸弹擦过“胡德”号且未爆炸之外，英国舰队毫发未损，可是驾驶Ju 88的卡罗·弗兰克却宣称其所投掷的500千克炸弹命中了“皇家方舟”号。于是纳粹德国宣传单位添油加醋地发表“皇家方舟”号已遭击沉的报道。等消息证实之后，除官方难堪外，弗兰克也被调返莱锡林，重操试飞员旧业。

高空飞行中的Ju 88轰炸机

1943年秋季之前，几乎所有Ju 88装配线均全力生产其轰炸机型号。在战事日益吃紧后，生产重点则转至战斗机型上。

Ju 188轰炸机

长度	15米	空重	9900千克
翼展	22米	最大速度	499千米/小时
高度	4.4米	最大航程	2190千米

Ju 188是二战期间一款服役于纳粹德国空军的中型轰炸机，是以Ju 88轰炸机为蓝本开发出性能与载弹量更佳卓越的轰炸机。

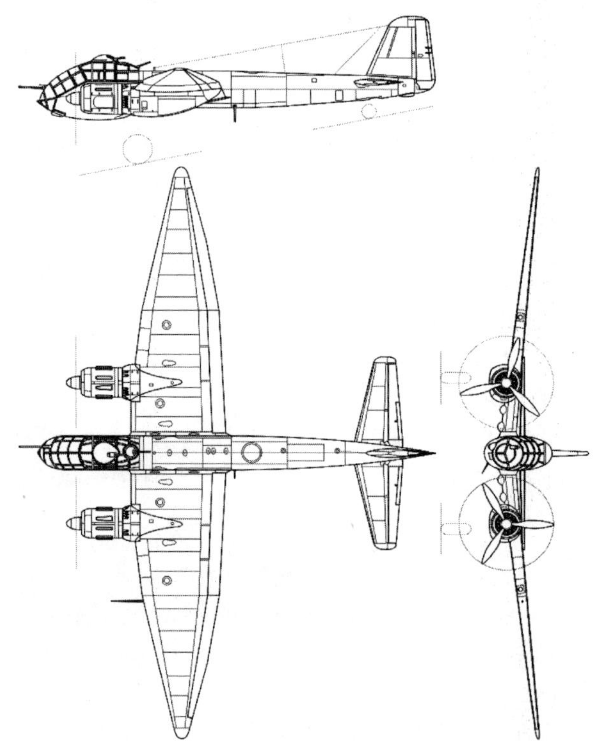

↑ Ju 188轰炸机结构图

研制背景

Ju 188轰炸机正在装载炸弹

1936年，容克公司为了竞标纳粹德国空军战术轰炸机，分别提出Ju 85与Ju 88设计方案。这两个设计方案几乎完全相同，差别在于Ju 85使用所谓的双机尾舵而Ju 88则是采用单一垂直安定面。随后，容克公司又提出Ju 85B与Ju 88B，虽然与原始设计颇为类似，但驾驶舱则改为平滑大视窗蛋型结构，另一种就是著名的子弹型机鼻结构，这种设计哲学从亨克尔He 111P出现之后几乎所有德国轰炸机都延用这项特征。

1942年，德国航空部决定以Ju 88B为基础进行小幅度改良，并要求容克公司将改良版纳入生产，这就是后来的Ju 188。由于Ju 88后继机型不断出厂与战局不断恶化，德国把生产重心放在战斗机上，所以Ju 188产量并不多。

作战性能

Ju 188 A-1最先采用的是Jumo发动机，随后换装为BMW发动机。量产速率在1943年后期才有所改善，此时Jumo开发出一款新式有配备甲醇-水推力提升装置的发动机，让起飞后将功率提升到1648千瓦。Ju 188与Ju 88相比还是有需要改善的地方，Ju 188虽然借由挂载在外部炸弹来增加总挂弹量，但相较早期载弹量与弹舱都无太明显的改进，对性能有不利的影响，甚至将所有不利于性能的情况考虑进去之后，最高可达到523千米/小时的飞行速度。其机背区域只安装1挺机枪塔，还保留单挺移动式机枪在机背炮塔附近。期间各种可在机尾提供武装系统的提案皆被取消。

Ju 188轰炸机前侧方视角

He 111轰炸机

长度	16.4米	最大起飞重量	14000千克
翼展	22.6米	最大速度	440千米/小时
高度	4米	最大航程	2300千米

He 111轰炸机是由德国亨克尔飞机公司设计的，是德国在二战期间使用最频繁的轰炸机，有多种不同用途的型号，其中包括He 111 A、He 111 C&G和He 111 H&P等。

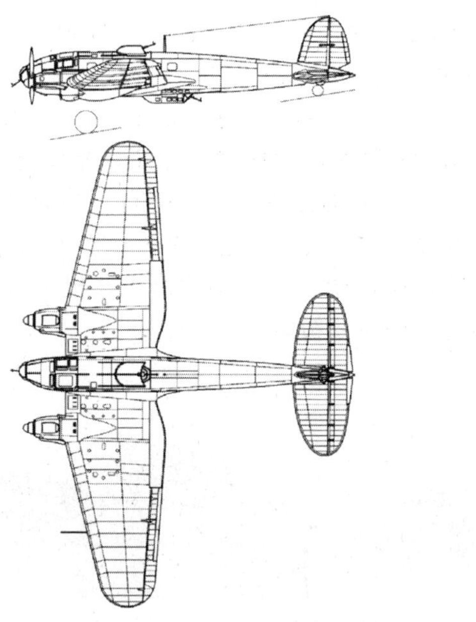

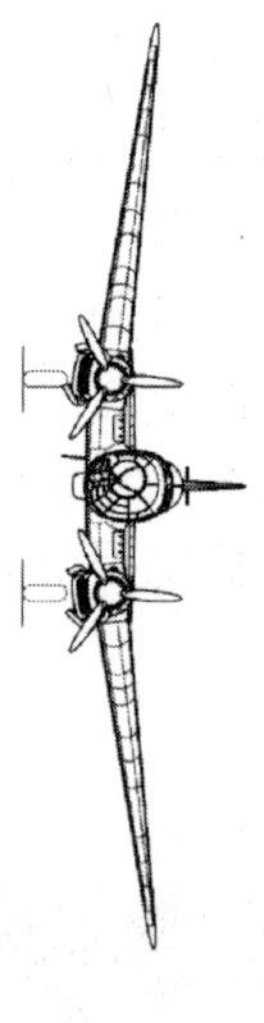

Ⓘ He 111轰炸机三视图

研制背景

二战爆发之前，为弥补空中力量的空缺，德国空军开始装备新型轰炸机。在容克飞机公司设计Ju 86轰炸机的同时，另一家飞机公司——亨克尔，也在进行着相同的工作，其产品就是He 111轰炸机。不过，由于Ju 86轰炸机率先被采用，加上其他各方面的因素，He 111轰炸机虽然被“录用”，但并没有立马进行量产。直到希特勒终于赤裸裸地抛出了“重整军备宣言”，He 111轰炸机才开始加速发展。

生产车间中的He 111轰炸机

在车间外进行最后装配的He 111轰炸机

作战性能

He 111轰炸机采用流线形机身和翼根后缘凹陷的椭圆平面形机翼及尾翼，一对水冷活塞发动机对称安装在悬臂上反下单翼上。由于翼梁通过机身地板，给炸弹舱的设置带来不便，于是只得在大梁之间安排两列共8只炸弹箱，各垂直吊挂一颗不超过250千克的SC250型或4颗50千克SC50型炸弹。

等待任务中的He 111轰炸机

执行任务中的He 111轰炸机

实战表现

准备作战的He 111轰炸机编队

虽然He 111轰炸机整体性能不如Ju 86，但由于数量众多，所以出勤率也比较高。该机从1937年就开始参加实战，在西班牙内战中得到检验。后在二战中，它几乎参加了德军的每一次作战行动，是德军空军的中坚力量。

在海面上投放炸弹的He 111轰炸机

He 177轰炸机

长度	22米	空重	16800千克
翼展	31.44米	最大速度	565千米/小时
高度	6.67米	最大航程	5600千米

He 177是纳粹德国在二战期间唯一大量生产的重型长程轰炸机。

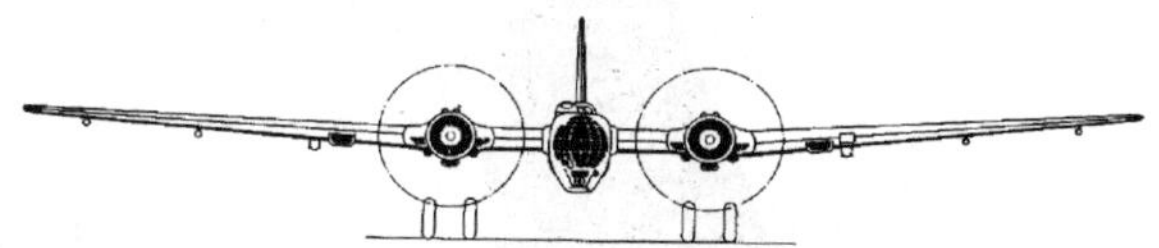

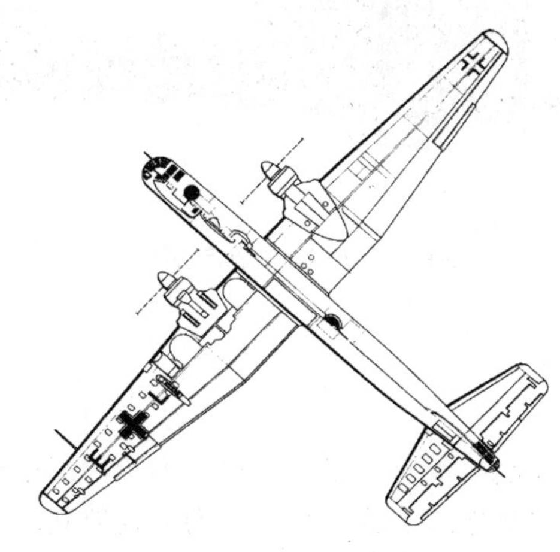

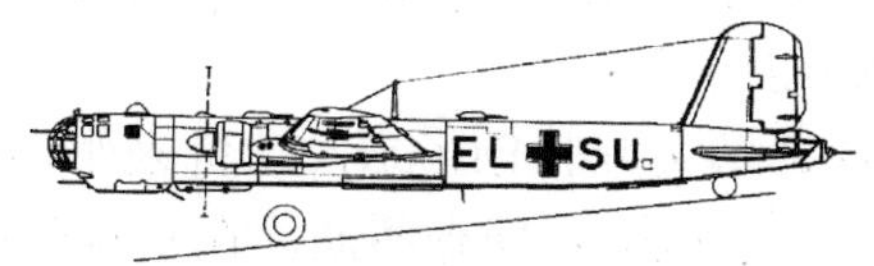

⊕ He 177轰炸机结构图

研制背景

1936年，德国空军提出了一个“轰炸机A”的需求报告，要求发展一种新式重型轰炸机。次年6月，德国空军部又命令亨克尔公司研制性能更好的重型轰炸机He 177。亨克尔公司将这个任务交给了以海因里希·赫特尔为首的设计小组，并指派西格弗里德·甘特担任首席助手。不过，当时德国空军部和航空技术局（RLM）除了要求重轰炸机航程远、载弹量大外，还要在保持水平轰炸能力的同时，还需要具备以60度角进行俯冲轰炸的能力，由此He 177也获得了“大型斯图卡”的称号。

1939年11月19日，原型机He 177 V1在雷赫林试飞基地进行了首飞，但是只飞行2分钟就着陆了，原因是发动机油温过高。出于战争需要考虑，德国空军顾不得He 177还在试飞并且存在许多问题，很快与亨克尔公司签订了生产合同。合同规定，从1940年夏开始，亨克尔公司每月要向德国空军提供120架He 177重型轰炸机。

⊕ He 177轰炸机侧方视角

作战性能

He 177轰炸机整体结构配置不错，其机身为长筒形，机翼为全金属悬臂式中单翼，机翼上有加热除冰装置；起落架为可收放式后三点起落架，主起落架为双轮，向内折叠收入机翼，后起落架为单轮，向后收入机身尾部，所有起落架的收放均由液压操作。

He 177采用两台戴姆勒·奔驰DB606发动机来驱动两个直径达4.5米的四叶螺旋桨，但是这种发动机一直问题不断。在亨克尔公司制造的8架原型机中，就有2架因为发动机着火而坠毁。

高空飞行的He 177轰炸机

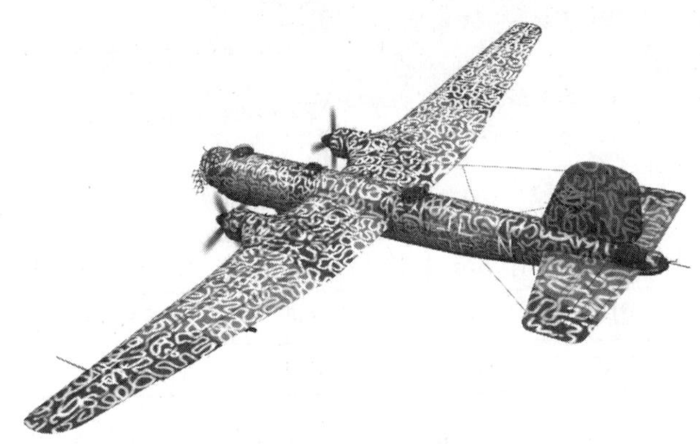

He 177轰炸机示意图

实战表现

在西线，He 177主要用于对英国的报复性轰炸，其次是挂上FX1400滑翔制导炸弹和Hs293反舰导弹等武器执行反舰攻击以及海上巡逻任务。在东线，该机主要用于夜间轰炸，但也执行反坦克和对地支援任务。在英国的报复性轰炸中，He 177常用的战术就是高空出航，到达目标区后进行俯冲轰炸，利用俯冲获得的高速躲避英国战斗机的拦截。但由于致命的发动机过热问题长期难以解决，实际上该机很少能参加实战，即使偶尔参加，He 177也没有取得多少显著战果。

He 177轰炸机驾驶舱特写

Do 17轰炸机

长度	15.8米	最大起飞重量	8850千克
翼展	18米	最大速度	427千米/小时
高度	4.55米	最大航程	1160千米

Do 17是德国道尼尔（Dornier）飞机公司在二战前研制的一种双引擎轰炸机，在二战初期相当活跃，后期则服务于二线任务或被移交给其他与之相关的国家军队。

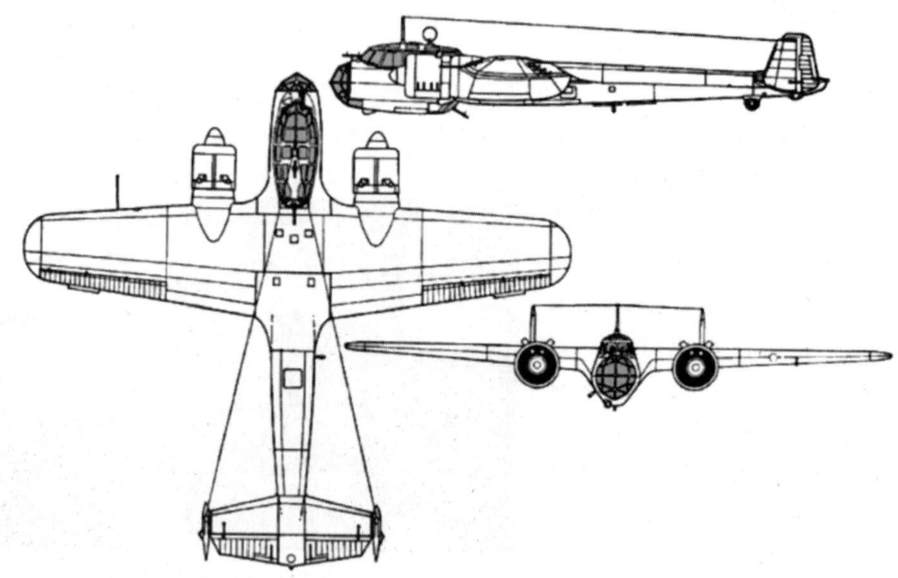

Do 17轰炸机三视图

研制背景

㊉ 生产车间中的Do 17轰炸机

Do 17与Ju 86、He 111轰炸机诞生于同一时期，较后两款来说，它的性能略逊。Do 17轰炸机的早期型采用单垂尾设计，在试飞中发现飞机的稳定性不足，不得不改成双垂尾，这样一来，又限制了防御机枪的射界。之后，德国空军主要使用Ju 88和He 111轰炸机，Do 17轰炸机逐步退出了现役，其生产线也在1940年关闭。剩下的飞机或者被用作新装备的测试平台，或者在接下来的两年内被让渡给其他轴心国家空军。

㊉ 一架等待性能测试的Do 17轰炸机

作战性能

㊉ 飞机场上的Do 17轰炸机

Do 17轰炸机的早期型号配备了性能优异的DB 600引擎。但由于该引擎的供应出现问题，批量生产时不得不用宝马公司的BMW VI直列式引擎予以替代。结果，便造就了专用于轰炸任务的Do 17 E-1以及专用于侦察任务的Do 17 F-1。Do 17 E-1的载弹量为500千克，并配备了两挺自卫用的MG 15机枪，其中一挺装备在驾驶舱上方的枪座内，另一挺则安装在机腹下方。

执行任务中的Do 17轰炸机

实战表现

Do 17广泛使用在波兰战役和不列颠之战中，是当时德军三种主要的双引擎轰炸机之一，另外两种正是上述的He 111和Ju 88。不列颠之战时，He 111数量最多，Ju 88和Do 17数量相当。1942年以后，Do 17逐渐从前线撤下，换成了更先进的Ju 88。值得一提的是，当时由于德国忽视了对重型轰炸机的发展，所以轻、中型轰炸机He 111、Ju 88和Do 17只能执行近、中程有限度的空袭。

Do 17轰炸机轰炸编队

Do 17轰炸机投放炸弹

Ju 287轰炸机

长度	18.3米	最大起飞重量	20000千克
翼展	20.11米	最大速度	558千米/小时
高度	4.70米	最大航程	1570千米

Ju 287是德国容克飞机公司设计的一款轰炸机，是世界上第一种前掠翼重型轰炸机，不仅在容克公司的飞机设计历史上占有极其重要的地位，也在世界航空史上创造了一个新的潮流。

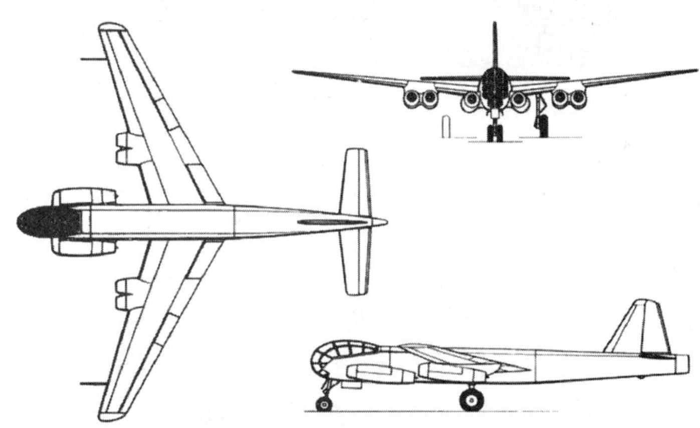

Ju 287轰炸机三视图

研制背景

1943年，盟军对德国境内进行猛烈的轰炸。虽然当时德军已经拥有“高科技”防空武器，例如HS-117“蝴蝶”地对空导弹，但是毕竟数量有限，而且实用性并不强，所以德军无法抵挡盟军“千军之势”的攻击，致使德军制空权顿时丧失大半。鉴于此，希特勒要求研制一种“能超越盟军任何一种战斗机”的轰炸机，Ju 287由此诞生。

作战性能

Ju 287轰炸机采用前掠翼设计，不管是当时还是现在，这都是一个大胆且风险性极大的设计，所以只在少数的高空高速战斗机上使用。Ju 287的发动机布局非常地少见，4～6台发动机分布保证了飞行速度，前机身的两台发动机工作减轻了机翼挂载喷气发动机工作时的压力，而前掠翼设计减轻了发动机喷口处高速气流对其他发动机的影响。这样不仅提高了每台发动机的效率，也提高了飞机的稳定性。

Ju 287轰炸机俯视照

实战表现

1944年，Ju 287轰炸机开始了第一次的测试飞行。期间，Ju 287轰炸机表现差强人意，襟翼的操作很灵便，但是在转弯时副翼变得不太好控制。另外，该机高空飞行相当稳定，可以说坐在上面就如同坐在“空中客车”中，但是到了低空，问题就出现了。在低空会出现气动发散问题，机身开始振动，拐弯时舵效降低，飞机保持俯冲状态且较难改变姿势。之后，容克飞机公司一直在对Ju 287轰炸机进行改进，以便早日投入战斗，但由于处于战争末期，所以其几乎没有参战。

高空飞行的Ju 287轰炸机

Ar 234轰炸机

长度	12.63米	最大起飞重量	9850千克
翼展	14.1米	最大速度	742千米/小时
高度	4.3米	最大航程	1100千米

Ar 234是德国阿拉多飞机制造厂（Arado Flugzeugwerke）于二战期间设计的一款轰炸机，是世界上首种实用化的喷气式轰炸机，但参战很迟，未能充分发挥作用。

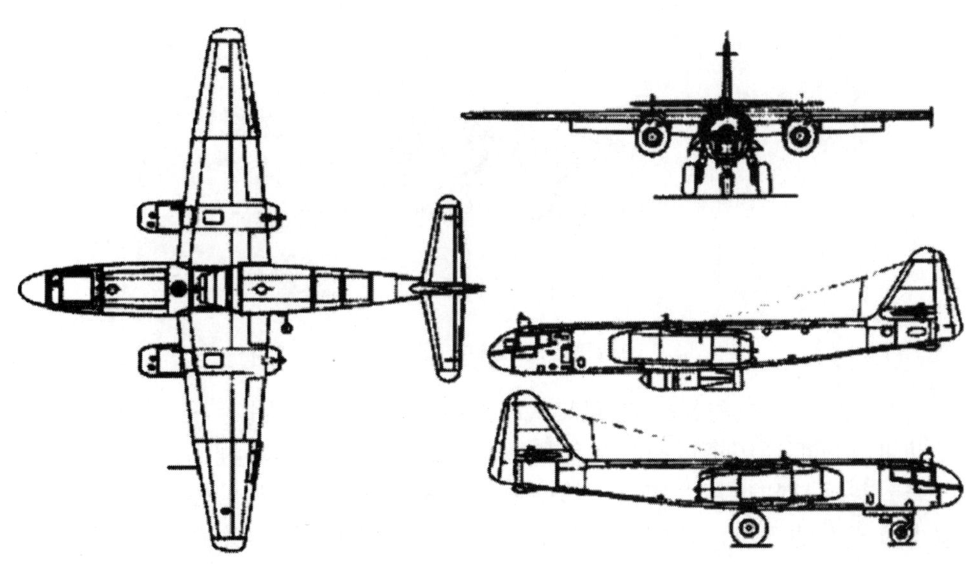

Ar 234轰炸机示意图

研制背景

20世纪40年代初期，德军空中部队取得了一些成绩之后，使得帝国航空部（二战期间德国管理其空军的政府机关，位于德国首都柏林）更加看重这一“军种”。为能进一步提高空中部队的作战力，德国航空部要求本国的阿拉多飞机制造厂研发一款高性能作战飞机，以装备空中部队，后者所带来的产品正是Ar 234轰炸机。

Ar 234轰炸机正面特写

作战性能

降落在机场的Ar 234轰炸机

Ar 234轰炸机与Me 262喷气式战斗机的发展几乎同步，采用类似的喷气发动机，也都经历了量产时起落架的布置与原型机完全不同的设计变更，但前者的载油量超过后者两倍，体型也大很多。作为轰炸机，Ar 234的速度超越当时盟军的飞机，除期待其发生机械故障而损失飞行高度及速度外，盟军拿它毫无办法。

第6章 终极爆破——导弹

从某种角度上来说，德国开创了武器新纪元，它首先研发出了导弹这种武器，并投入实战。虽然这些武器没能帮助德国赢得战斗，但是运用在武器上的各领域技术，却让战后世界强国的军事力量飞速发展，尤其是在航空这一方面，这不得不归功于德国的V2火箭等“超时光”的技术。下面我们将带您进入二战德国的导弹世界，体验不一样的战地爆破。

V2火箭

全长	14米	总重	12508千克
翼展	3.56米	最大射程	320千米
直径	1.65米	最大速度	1600米/秒

V2火箭（V-2 rocket）是德国在二战中研制的一种中程弹道导弹，也是世界上最早投入实战使用的弹道导弹。

研制背景

德军研制V2火箭的主要目的之一是为了从欧洲大陆（欧洲大陆又称为欧洲本土或简称大陆，是欧洲的主体大陆，不包括岛屿）直接攻击英国境内目

发射架上的V2火箭

⊕ 准备进入试验场地的V2火箭

标。从1944年6月至1945年3月，德军共发射了数千枚V2火箭，造成英国31000人丧生。V2火箭的出现，拉开了新式作战的序幕，意味着各种新兴弹道导弹的战略、战术运用。V2火箭的诞生历程并不是一马平川，而是历经了许多坎坷的道路。

1925年，火箭推进器被德国设计师用于竞赛汽车上，不过并没有得到预期的成果，所以德国设计师开始将这种技术运用到太空探索工具上，发展飞向同温层高空的探空火箭。1932年，德国的火箭推进器技术已经较为成熟，并且在瓦尔特•多恩伯格上尉的带领下，成功设计出了探空火箭的原型。从1933～1941年的8年期间，多恩伯格研发团队不断进行火箭研发，成功推出了A系列火箭。

进入二战后，由于战争需求，在军方的要求下，德国工程师开始将之前的A系列火箭改造为具有杀伤力的弹道导弹。1942年10月3日，V2试验成功，随后在年底定型并投产。从投产到战败，德国共制造了6000枚V2。

作战性能

V2是单级液体火箭，采用当时较先进的程序和陀螺双重控制系统，推力方向由耐高温石墨舵片操纵执行。V2在工程技术上实现了宇航先驱的技术设想，对现代大型火箭的发展起了承上启下的作用，是航天发展史上一个重要的里程碑。

⊕ 飞行中的V2火箭

V2火箭升空的瞬间

由于V2终端速度极快（当对物体的抵抗力与其速度同时增大时，物体将稳定在一定的速度上，此时的速度即为终端速度），远超过当时英国空防的反应所需时速，因此令其防不胜防。基本上，当时英军只能靠声音与雷达测量预估V2弹道后，在其尚未击中目标前，以高射炮发射高爆弹射击拦截之。另外，在二战中，V2也广泛采用迷彩涂装，以避免遭到空军辨识空袭，在二战末期，更全面采用橄榄绿作为迷彩。

美国海军航空母舰“中途岛”号正试射从德军手中俘获的V2火箭

BV246“冰雹”反辐射导弹

长度	6.4米
宽度	3.53米
最大速度	450千米/小时

BV246“冰雹”（Hailstone）是世界上第一种反辐射导弹，由德国于二战期间研发，共生产了1000枚。由于临近德国投降，所以它没有来得及装备部队。

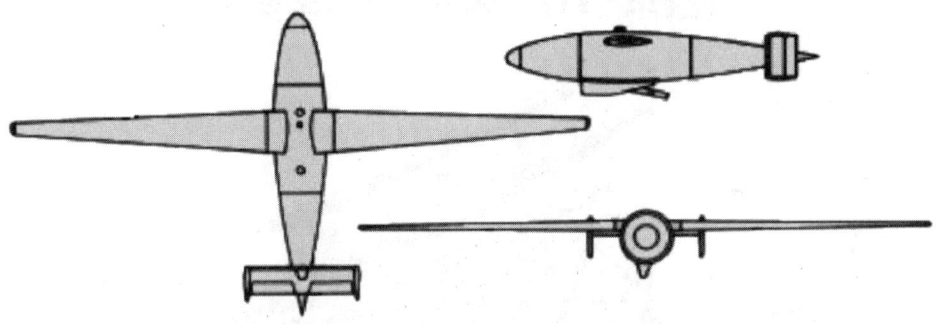

BV246“冰雹”反辐射导弹三视图

研制背景

1942年，以理查德·沃格特博士为主的德国科研小组试图研制一种名为BV246“冰雹”的滑翔炸弹，使其能够在敌方防空火力之外投放。这样既能做到神不知鬼不觉地袭击敌方阵营，也能保证己方人员的安全，最重要的是能够给敌方士兵造成严重的心理阴影，因为看不见的，才是最可怕的。“冰雹”初期采用无线电指令控制，但随着英国开始掌握干扰技术，计划不得不在1944年月12月26日放弃。1945年年初，“冰雹”计划再次复苏，在加装了被动雷达引导头后，其成为最理想的反雷达武器。在10次试验中，有8次失败，有两次准确无误击中目标，误差在2米以内。

作战性能

“冰雹”的外形十分简洁，雪茄形的机身，修长的双翼，正常布局的尾翼。让人诧异的是，它的两片长长主翼是用钢筋混凝土浇铸而成。当然，这样做也是有原因的，其目的是在投放时使炸弹和载机的分离干净利索，避免相互干扰引起危险。“冰雹”滑翔性能很好，滑翔比为1 ∶ 25，即在7000米高度投放，可打击175千米外的目标。如载机投放高度更高，最大攻击距离可达200千米。

↑ 轰炸机机翼下挂载的BV246“冰雹”反辐射导弹

HS-117“蝴蝶”地对空导弹

长度	4.2米
翼展	2米
射程	32千米

HS-117“蝴蝶”（Schmetterling）是德国二战时期所研发的一款地对空导弹，已进行过大量试验，但未来得及装备部队。

研制背景

早在1941年，以赫伯特·A·瓦格纳为首的德国研究团队就成功研制出了HS-117“蝴蝶”地对空导弹，并向德国航空部提交了设计成果，但遭到军方拒绝。原因是当时的德军已经装备了大量防空武器，而对于这种还不算成熟的地对空导弹并不感兴趣。然而，1943年，盟军对德国的大规模轰炸使德国航空部改变主意，提议采用HS-117“蝴蝶”地对空导弹。1944年5月23日，HS-117“蝴蝶”地对空导弹试验成功，1944年12月开始部署，1945年3月开始批量生产。

作战性能

HS-117“蝴蝶”地对空导弹的初级助推系统采用固体燃料，1750千克的推力使导弹4秒钟内达到1100千米的时速，次级主推系统采用液体燃料，发动机采用的是宝马BMW 109-558或者Walter 109-729。HS-117“蝴蝶”是当时最接近实用阶段的地对空导弹，使用无线电指令、雷达跟踪的制导方式，除主发动机外，还加装两枚固体燃料助推火箭。

飞行中的HS-117“蝴蝶”地对空导弹

博物馆中的HS-117“蝴蝶”地对空导弹

“火百合”地对空导弹

长度	4.8米（F25）
直径	0.55米
重量	600千克

“火百合”（Feuerlilie）是德军于二战时期研发的一款用于试验的地对空导弹，为其后同类武器的研发，累积了诸多先进技术和众多实用经验。

研制背景

二战初期，德国赫尔曼·戈林的航空研究机构开始设计代号为“火百合”的地对空导弹，其目的是以此为基础，通过众多试验来获得对未来导弹有用的数据。“火百合”共有两种型号，即跨音速的F25和超音速的F55。

作战性能

F25安装了一台Rheimetall 109-505固体燃料火箭发动机，可工作6秒，发出500千克的推力。由一台装倾斜滑轨的发射架发射或挂在飞机机腹下发射。1943年4月，在佩内明德附近发射成功。

㊤“火百合”地对空导弹升空的瞬间

F55由液体火箭发动机推动，总推力6350千克，工作时间7秒，还有4枚109-505火箭发动机助推。1944年5月，进行首发试验，达到了1.25马赫的速度，取得了试验的成功。

“莱茵女儿”地对空导弹

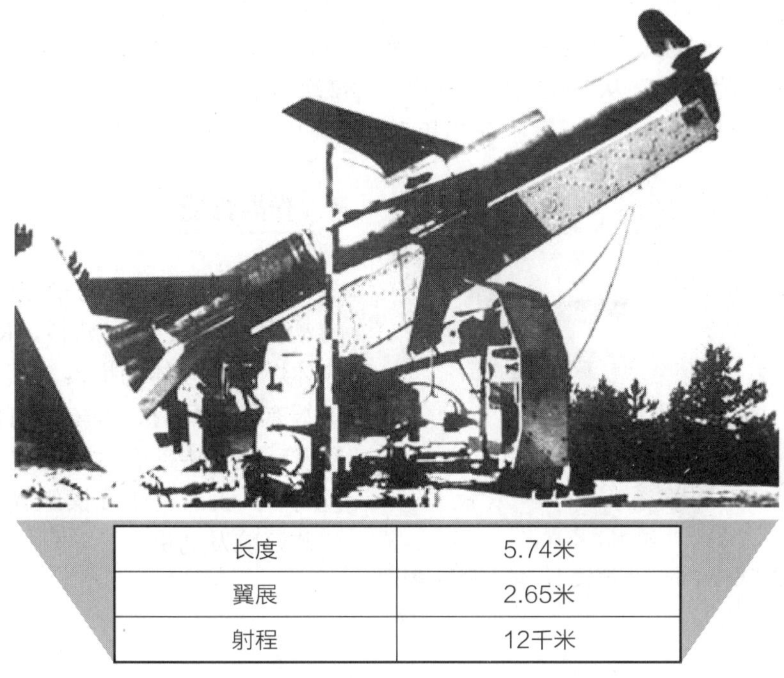

长度	5.74米
翼展	2.65米
射程	12千米

“莱茵女儿”（Rheintocher）是德国于二战期间研发的一款地对空导弹，有R1和R3两种型号。战后，美国、苏联、英国等国在其技术成果的基础上，研制出了第一代实用性很强的地对空导弹。

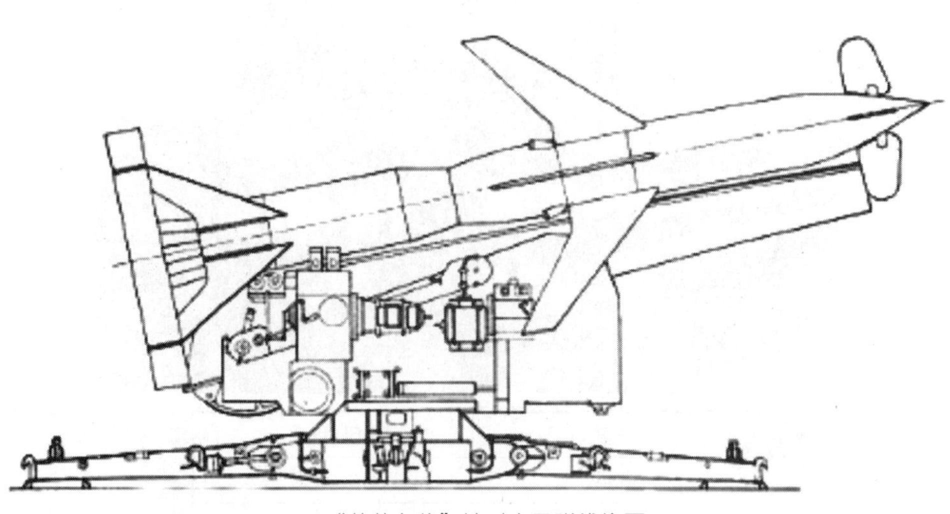

“莱茵女儿”地对空导弹线构图

研制背景

自“火百合”地对空导弹诞生，并取得了预期的效果之后，德军开始以此为根本，研发真正实用的地对空导弹，而其成果便是“莱茵女儿”地对空导弹。“莱茵女儿”从1943年开始进行了82次试射。到1945年，德国战败成了定局，该导弹的计划不得不在当年2月被终止，其最终也没能装备部队。

⊕高空飞行中的“莱茵女儿”地对空导弹

作战性能

“莱茵女儿”地对空导弹R1型的动力是两级固体燃料，R3则是液体燃料带固体助推器。其弹体最下端有四片尾翼，并安装有助推火箭发动机；中部有六片稳定翼（R3没有）；头部有四片操纵翼；最上部装巡航发动机。

X-7“小红帽”反坦克导弹

长度	950毫米
翼展	600毫米
射程	1000～1500米

X-7“小红帽”（Red Riding Hood）是世界上第一种反坦克导弹，是火箭和穿甲弹的结合，还配有制导装置。

⊕ X-7“小红帽”反坦克导弹线构图

研制背景

坦克号称“陆战之王”，纵横战场，所向披靡，例如美国M4“谢尔曼”中型坦克、苏联KV-1重型坦克和英国“丘吉尔”步兵坦克等。这些集防护与火力于一体，并且数量巨大的超级武器，让德军不得不研发相关的武器来对付，例如“灰熊”式自行火炮、“铁拳”3火箭筒以及HHL地雷等。但是，这些反坦克武器多多少少会有局限性，要么射程太短，要么杀伤力略小，所以德军急需研发一种能够大面积重创甚至摧毁盟军坦克的武器。X-7“小红帽”反坦克导弹正是在这样的背景下催生而出的。

作战性能

“小红帽”反坦克导弹的导弹弹体短而粗，呈流线形；鼻锥部为空心装药战斗部，内装炸药2.5千克，配有DA触发引信，穿甲厚度最大可达200毫米；弹上装有陀螺仪和双推力发动机。弹体两侧各有一翼，翼的后缘有襟翼，这样，在导弹飞行中可产生每秒两转的转速，以保持飞行稳定性。翼梢装有线管，线管外有整流罩，线管上绕有漆包线以传递指令。

参考文献

REFERENCES

[1] 哈斯丘．对比与反差：二战经典武器[M]．北京：机械工业出版社，2013.

[2] 唐克人．世界权威枪械面面观：步枪[M]．北京：中国人口出版社，2009.

[3] 莱茵．机枪史话[M]．北京：东方出版社，2011.

[4]《深度军事》编委会．二战尖端武器鉴赏指南[M]．北京：清华大学出版社，2014.

[5] 李明．二战经典武器[M]．哈尔滨：哈尔滨出版社，2015.